从制作小玩意儿、家具到改造墙面

虽简单却温馨

# 零基础家庭小木工

日本 DIY 女子部　主编　　陈梦颖　译

煤炭工业出版社

·北　京·

# 目 录

### 本书相关缩写与介绍

SPF是"云杉-松木-冷杉"的英文缩写。
关于材料的表示方法,有的地方省略掉了mm。
材料、组装图、制作方法中没有标明单位的全部为mm。
自己切割木材比较困难时,请让家居中心帮忙切割(收费)。

# 引 言

很多人可能会这样想：我能用锯锯开木材吗？

我可以不半途而废坚持到最后吗？

我很感兴趣但是笨手笨脚的，而木工活有点儿……

不用担心，因为现在可以让家居中心帮忙切割木材。

即使画不出复杂的图纸，也可以从小物件开始，

你会发现制作起来出乎意料的简单。


比起技术和品位，"想要DIY"的这种心意更重要。

只要有迈出第一步的勇气和胆量，你的想象力就会膨胀：

我想制作那个，这个怎么样……

做着做着技术就提高了。


这本书中，将家中的物品进行了改造。

存放自己喜欢的物品的零件盒、理想尺寸的书架，

从古朴的厨房柜台到墙壁的刷新，这里应有尽有。

DIY能够唤醒你的制作欲望，是一个不可思议的世界。

木工活，你不想沉迷于其中吗？

# 常用工具和材料

有时会出现这种情况：终于下定决心想要尝试一下DIY时，却苦恼于不知道从何处下手。

我们首先从最基本的工具选择开始吧。除了平时经常见到的工具以外，还有很多用起来非常方便的工具。可以自己选择所有的材料，这也是DIY最大的魅力。

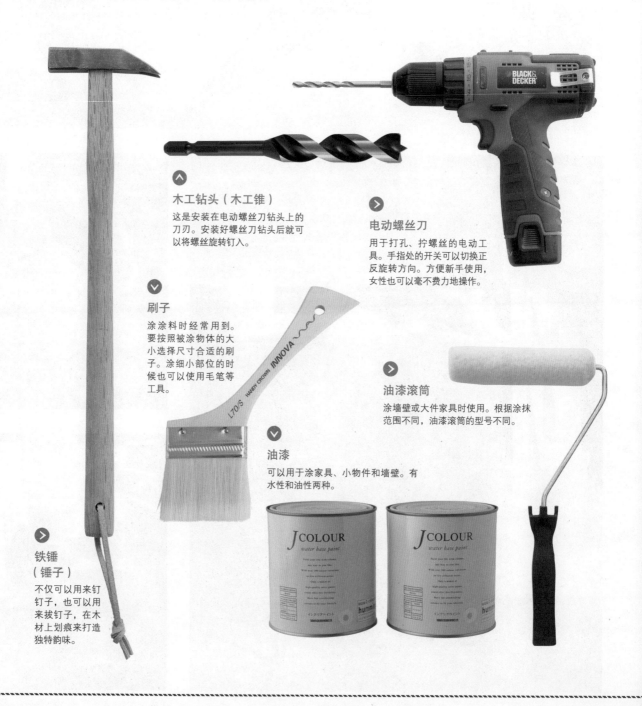

**木工钻头（木工锥）**

这是安装在电动螺丝刀钻头上的刀刃。安装好螺丝刀钻头后就可以将螺丝旋转钉入。

**电动螺丝刀**

用于打孔、拧螺丝的电动工具。手指处的开关可以切换正反旋转方向。方便新手使用，女性也可以毫不费力地操作。

**刷子**

涂涂料时经常用到。要按照被涂物体的大小选择尺寸合适的刷子。涂细小部位的时候也可以使用毛笔等工具。

**油漆滚筒**

涂墙壁或大件家具时使用。根据涂抹范围不同，油漆滚筒的型号不同。

**油漆**

可以用于涂家具、小物件和墙壁。有水性和油性两种。

**铁锤（锤子）**

不仅可以用来钉钉子，也可以用来拔钉子，在木材上划痕来打造独特韵味。

用着用着就会
依赖上它们……

### 锯
用于切断木材。如果想要锯出曲线的话，推荐使用钢丝锯。
➜钢丝锯的使用方法见P83

### 曲尺
即一个角呈90度的尺。将曲尺对齐木材一边，就可以在直角处打上墨线。
※打墨线：指在木材等上面做好尺寸标记。

### 替换用砂纸
即手持打磨机替换用的砂纸卷。型号有 #80、#100 等，数字越大表示砂粒越细。

### 打磨机
也叫锉磨机。安装了把手，即使是大的面打磨起来也会比较容易。

## 木材

| | |
|---|---|
| 木质工字梁材 | 由于它经久耐用，所以房屋建造中可以作为柱材使用。 |
| 实木材 | 指以杉木、柏木为代表的木材。容易弯曲变形但是使用简单方便。 |
| 集成材 | 指将截面小的木材用黏合剂黏在一起制作成的木板。适合用来制作桌子板面等尺寸较大的物品。 |

※详细说明请参照P32

# 第一章

# 90cm²
# 以内的DIY

## DIY WITHIN 90CM²

虽然不能一下子制作大件物品，
但是小物件还是可以尝试一下的。
先用在90cm²的空间里就可以进行的
DIY来个热身运动吧。
请实际感受一下手工制作的魅力。

## 90cm²是多大的空间呢？

一张单人床的尺寸约为90cm×180cm。本章将要介绍的就是在单人床一半大小的空间里可以完成的DIY。在一个人住的房间里做大型手工活确实不容易，但是只要有能够坐下一个人的空间，就可以开始本章所介绍的DIY啦。

### 关键点

· 确保有90cm×90cm的空间。本章介绍的作品所用的木材也都在90cm²以内。

· 有保护垫切割木材时会比较方便。在1m×1m的保护垫上进行木材加工吧。

· 除了木材，也可以尝试用聚氨酯材料、铁、布等素材进行DIY。

## 90cm²以内的空间可以做哪些东西？

首先最基本的是所用木材不能超过90cm²。市场上卖的面向DIY初学者的板材一般都是被分割成910mm大小，使用这种木材进行制作就可以将大小控制在90cm。也可以用聚氨酯材料加工制作织品装饰板。不管怎样，先开始尝试一下吧。

90cm²

## 01

充分展现木料古朴的质感
# 笔架&书架

摆放在桌子一角的带隔板的书架。斜着安装隔板，使笔、剪刀、眼镜等很容易取出来。木材可以让家居中心帮忙切割，但是自己用锯切割也非常有意思。

🔧 **材料&道具**

❶外侧板和底板：SPF1×6（高19×宽140×长219）×2块、❷内侧板：SPF1×6（19×140×200）×1块、❸背板：SPF1×4（19×89×200）×1块、❹搁板：SPF1×4（19×89×135）×3块、木螺丝40mm×20颗、木工黏合剂、锯、电动螺丝、刀、砂纸、涂料

➡️木料截取图见P84

🔨 **制作方法**

**1**

**切割木板**

按照P84的图打好墨线，用锯截取木料。

**2**

**用砂纸打磨**

用#80的砂纸打磨切口处，将手能接触到的边角磨圆，板与板拼接部分磨平。

**3**

**组装底板和外侧板**

在①底板侧边涂上木工黏合剂，与外侧板粘合。将其呈L形竖起，按住边角处用螺丝钉将两块板固定。

**4**

**组装背板和内侧板**

将③背板粘贴在L角处，用螺丝钉固定。内侧板根据图示组装，将其整体翻转从底部用螺丝钉固定。

**5**

**组装搁板**

在②内侧板中间插入④搁板。搁板要倾斜20度左右，在两侧用螺丝钉固定。用布沾着涂一层天然蜂蜡即完成。

---

### 关键点

· 将砂纸卷在木块上或者安装在打磨机上会提高打磨效率。

· 用剪刀剪砂纸容易损坏刀片，最好将砂纸折一下然后撕开。

✎ 制作方法

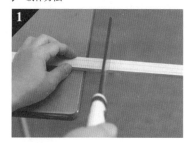

**1**

**切割隔板**

按照箱子的宽度和深度切割木材。选择毛泡桐或南洋楹等软木材，加工起来比较容易。

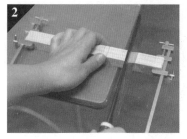

**2**

**刻上痕迹**

分别将横板、竖板集中，对齐端口，用F型夹具固定。在木板上做好标记，两条线之间的宽度比木板厚度约宽1~2mm。用锯刻上痕迹。

**3**

**开槽**

将凿子对准刻好的痕迹，用锤子敲打凿子把手顶端，一点点开槽。

**4**

**组装隔板**

将隔板排列好后嵌入箱子。如果槽口较浅或位置偏离需及时调整。

**5**

**完成**

将隔板切口处磨平，涂漆，安装上金属扣后即完成。

---

**关键点**

· 槽口的深度应为木板宽度的一半。控制好力度用凿子一点点开槽。

· 如果是轻木材质，用美工刀也能轻易切割，但是因其材质易碎，加工时需注意。

---

**02**

想要存放重要的物品

# 收藏盒

在木箱里加入尺寸合适的隔板做成的零件盒。接合处要用锯和凿子弄出槽口。如果使用南洋楹木或巴尔沙轻木等比较软的木材，初学者加工起来会比较容易。

✎ **材料&道具**

在商店可以买到的木箱（这次使用的是盖子透明、可以看到内部的箱子）、工作材（南洋楹木、巴尔沙轻木等）、金属扣、锯、六角凿子、锤子、F型夹具、夹具、砂纸、涂料

**03**

用已有木箱制作

# 滑动盒子

利用商店的木箱做成的创意收纳盒。插入旋转轴，使叠加在一起的盒子能够旋转打开。拿掉带轴的盖子的话，可以更换盒子的上下顺序。不熟悉用钻孔机打孔的人，开始之前可以用废木材练习一下。

🔧 **材料&道具**

木箱、圆棒Φ12mm、方材30mm×40mm、木螺丝钉（迷你螺丝）、装饰图钉、木工黏合剂、锯、夹具、电动螺丝刀、钻头Φ13mm、砂纸、涂料

✎ **制作方法**

**1**

**在木箱里粘贴方材**

用锯切割方材，使方材尺寸与箱子深度一样。打磨好边角后涂上木工黏合剂，贴在箱内一角。

**2**

**在方材中央打轴孔**

将箱子用夹具固定，用钻孔机一个个打孔。最下面的箱子只需将方材打孔，不要穿透箱子底板。

**3**

**穿轴**

打磨好孔边缘后按照轴孔的位置将箱子重叠。将圆棒插入轴孔，在和最上面的方材高度相同的位置做好标记，切掉多余部分。

**4**

**将盖子和转轴固定**

在圆棒顶端涂好黏合剂放上盖子，用木螺丝钉固定。为确保螺丝钉能穿过圆棒中心，螺丝钉要垂直钉入。

**5**

**钉装饰图钉、涂漆**

在离螺丝钉几毫米处钉上装饰图钉。用布罩上后再用锤子钉，这样可以防止出现裂痕。最后涂上漆，完成。

---

## 关键点

- 准备一个直径比圆棒大1mm以上的钻头。

- 要选择厚度为圆棒直径2倍以上的方材。

- 木工黏合剂完全干燥后再用钻孔机打轴孔。

**04**

合理利用编织袋
# 衣物手推车

便于收纳脏衣物、过季衣服的手推车。在编织袋、土囊袋上涂上丙烯颜料，或者利用结实的购物袋，可以降低成本。拉杆、底板部分按照袋子的大小进行切割。

### 🔧 材料&道具

①拉杆与支架：方材20×30mm、②把手：粗圆棒Φ15~20mm、③底板：厚度15mm的胶合板、木螺丝钉40mm×20颗、13mm×8颗、小脚轮2个、编织袋、皮绳、木工黏合剂、电动螺丝刀、锯、砂纸、丙烯颜料、涂料

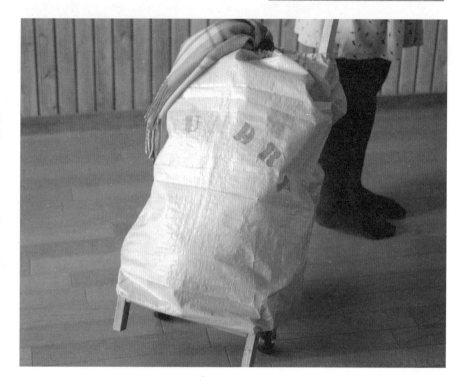

### ✏️ 制作方法

**1**

组装拉杆

将方材切割成自己喜欢的长度，组装成"コ"字形。在拼接处涂上木工黏合剂，两侧分别用2颗螺丝固定。

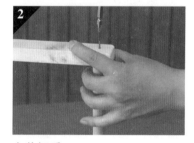

**2**

安装把手

将拉杆横立，把圆棒黏在中间。钉螺丝时确保螺丝穿过圆棒中心。

**3**

组装底板和拉杆

将拉杆放平，紧贴拉杆放好底板后在四角用螺丝固定。

**4**

将底架放入编织袋

调整编织袋中底板的位置，并将编织袋两端折叠用缝纫用线系好。

**5**

安装小脚轮和支架

在拉杆下面安装2个小脚轮，前面安装防倒支架。支架的尺寸要与小脚轮的高度相同。

### 关键点

· 编织袋、土囊袋要涂上用模板印刷的图案。

**05**

用方材制作的
# 织品装饰板

只需在墙上挂一块就能让房间焕然一新的织品装饰板。传统的方法是在按照布的尺寸组装好的木框上贴一块布，但是如果有木工用的钉枪，不用钉子也可以轻易贴好。

🔧 材料&道具

方材30×40mm、木螺丝钉、钉枪、布、电动螺丝刀、锯

✏ 制作方法

**1** 确定大小

根据想做的装饰板的尺寸截取方材。尽可能选择不弯曲的方材。

**2** 组装木框

将每个方材边角用两颗螺丝固定。用曲尺确认呈直角后再上螺丝可以防止木框歪扭。

**3** 贴布之前

布料偏薄时，按图所示将边缘折两次。用喷雾器将布稍微喷湿后折痕和褶皱会减少。

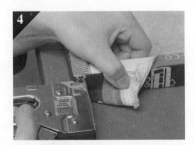

**4** 将中央和四角固定

将布绷紧，用钉枪将各个边角的中央、四角以及折叠部分的内侧固定。

**5** 固定四边

将内侧的布固定好后，用钉枪将各个边按等间隔固定。褶皱很多的部位就拆掉钉后重新钉。

关键点

· 四个角的布折叠起来比较厚时，剪掉一些容易弄整齐。

· 贴布前用熨斗熨一下，就不用担心褶皱问题了。

🔪 制作方法

**切割成个人喜欢的尺寸**

用美工刀将聚苯乙烯泡沫板按照个人喜欢的尺寸切割。

**刻上印痕**

在泡沫板边缘2~3cm处划出痕迹，以确保能够将布塞入。印痕的深度为泡沫板厚度的一半。

**将布塞入**

利用塑料卡片将布塞入泡沫板。

**整理四角**

尽可能将布折叠平整，然后一点点塞入边角处的印痕。

**将背面弄整齐**

将没塞进去的多余的布弄整齐，必要时要剪掉多余部分。背面如果凹凸不平就不容易贴在墙上，这点一定要注意。

### 关键点

· 如果用力拽布，表面的花纹就会变形，所以要轻轻地整理。

· 交替抻拽左右、上下这种对应边，可以让布绷得很紧。

---

**06**

用聚苯乙烯制作的
## 织品装饰板

制作大的墙板时，用隔热性好的聚苯乙烯做芯材的话，既简单又轻便。店里卖的都是900mm×1800mm的大块的，可以在店里用美工刀切割好后带回家。

🔪 **材料&道具**

聚苯乙烯泡沫板（大小按个人喜好）、布、美工刀、塑料卡片

# 木工DIY常用术语

本书中会出现很多平时没听过的单词。
在这里给大家介绍一些木工专用语。

---

| 用语1 |
|:---:|
| **打墨线** |
|  |
| **指用铅笔在木材上做标记。** |

切割木材之前，打墨线可以说是必须要做的工序。用铅笔在要截掉的部分处做标记（画线）。如果用自动铅笔，HB以上的比较好用。

---

| 用语2 |
|:---:|
| **#（网眼）** |
| **砂纸的粗细** |

砂纸上砂粒的粗细用（#○○）表示。
数字越大表示砂粒越细，反之表示砂粒越粗。

---

| 用语3 |
|:---:|
| **Φ（希腊字母:斐）** |
|  |
| **表示圆大小的单位** |

表示圆的直径的时候使用Φ（斐）。数字越大表示圆越大。打孔锯的直径也用Φ表示。

---

| 用语4 |
|:---:|
| **壁塞** |
| **用来隐藏木螺丝头部的木棒** |

想要隐藏木螺丝头部，以便使作品更加美观，使用壁塞会提升作品的完成度。用和壁塞直径相同的钻孔机打孔，上好螺丝后再插入壁塞。

---

| 用语5 |
|:---:|
| **螺母** |
| **用来连接材料的金属零件** |

与螺丝钉配合使用，将木材和其他材料用螺丝连接时使用。

---

| 用语6 |
|:---:|
| **合叶** |
|  |
| **安装在门上** |

用来固定门或箱盖的金属零件。有四角合叶和装饰合叶2种。

## 用语7

### 毛边

切割木材时产生的毛刺

出现在切割后木材的边角处的毛刺、毛边。毛边可以用#80的砂纸磨掉。

## 用语8

### 水性涂料

初学者使用起来也很方便的涂料

几乎没有任何异味、刷子可以用水冲洗的涂料。也有可以涂在墙纸上的涂料。

## 用语9

### 油性涂料

可以用在室外的涂料

以油性漆为代表的涂料。耐风雨，不易老化。清洗刷子时要使用油漆稀释剂。

## 用语10

### 底漆

上漆时打底用的涂料

上漆的时候，为了提高面漆的附着力，需要根据所用材质，事先涂好专门的底漆。

## 用语11

### 染色剂

使木纹更清晰的半透明涂料

与可以产生涂膜的油漆不同，染色剂是渗透到木材里面的涂料。因为是半透明的，所以涂上后使木纹看上去更清晰。

## 用语12

### 活动扳手

用来拧螺丝等的工具

可以根据螺栓或螺丝帽的大小进行调节的扳手。经常作为螺丝扳手使用。

## 用语13

### 油漆桶

装涂料的容器

进行上漆工作时，将罐子里的涂料倒入另一处的容器。若使用油漆滚筒，则可以将多余的涂料在桶口蹭一下，这样涂的时候漆不会洒落。

## 用语14

### 遮蔽膜

上漆工作时使用的保护垫

遮蔽胶带上附带有塑料布的叫做遮蔽膜。塑料布宽约1m，所以不用担心上漆的时候弄脏地板。

## 用语15

### 填充材料

填充孔穴、缝隙用的物质

用来填充墙壁、天花板或地板上出现的缝隙。也有可以在水中使用的填充材料。

## 用语16

### 泥瓦台

放涂抹材料的架子

在平面上涂抹硅藻土、砂浆等时，用来暂时放涂料的地方。注意倾斜时不要让涂料溢出。与泥瓦刀配套使用。

第二章

# 客厅与餐厅的DIY

### LIVING & DINING DIY

家人、朋友经常聚集的客厅、
餐厅。这里只要有手工制作的家具，
就更能增添团聚的温馨。

## 桌子、椅子的高度

作为厨房的延续，餐厅是家人吃饭的重要空间。最近客厅和餐厅融为一体的房间布局在不断增加。受其影响，不少家庭畅谈放松时用的桌子和吃饭时用的桌子是一样的。

但是，就像咖啡桌和餐桌的高度不同一样，根据用途与形状的差异，每件家具的适合高度是不同的。制作椅子和桌子之前，要事先调查一下，看看哪种高度自己坐着比较舒服。这样就迈出了制作世上独一无二的家具的第一步。

### 关键点

· 餐桌的大小要与家庭人数、生活方式相匹配。

· 确定椅子、桌子的高度时有一个窍门：可以事先在家具店试一下哪种高度坐着舒服。

· 在日常生活中，要了解一个人必需的空间大小和平时所用物品的尺寸。

## 日常生活所需空间

即使想要开始尝试制作餐桌，但马上就判断出适合这个房间的桌子的大小并不容易。提前了解个人空间有利于家具的制作和选择。个人空间大小如下面插图所示。

工作所需空间1200mm

吃饭所需空间600mm

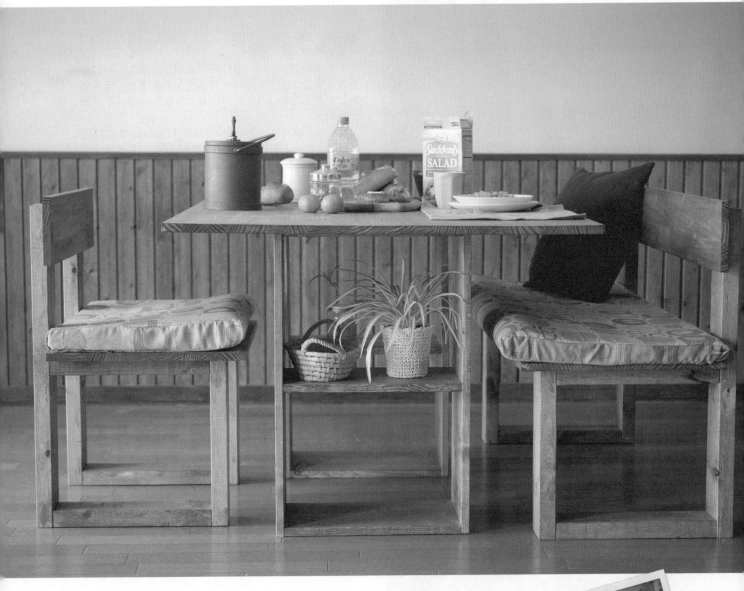

## 01 可以尽情放松
# 客厅组合桌椅

高度偏低的桌子和沙发椅的组合。桌子只需制作两个架子，然后在上面安装顶板即可。椅子只需等长的椅腿，然后安装长度不同的坐面和椅背即可。沙发上的坐垫可以随时拿掉，便于打扫。

🔧 材料&工具

木工黏合剂、电动螺丝刀、卷尺、夹具、油性漆、手工刨刀

➜ 木料截取图见P88

也可以搭配地板、墙壁的颜色给桌椅上漆！

# 1.制作桌子

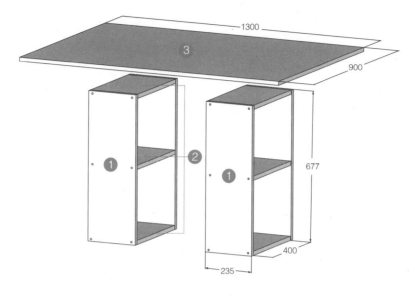

## 材料&工具

❶侧板：SPF1×10（19×235×677mm）×4块、❷搁板：SPF1×10（19×235×400mm）×6块、❸顶板：松木胶合板（20×900×1300mm）×1块、木螺丝钉（细螺丝）40mm×36颗、30mm×12颗

## 制作方法

**组装桌子的架子腿之前**

上木螺丝之前，在架子腿的连接部位要涂木工黏合剂。用砂纸磨平后再均匀地涂上一层薄薄的黏合剂。

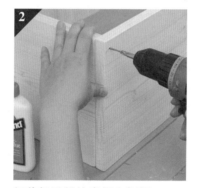

**组装架子腿的底板和侧板**

将②搁板的侧边与侧板的边缘对齐，呈L形组装。在两边和中间用40mm的木螺丝钉固定。

**在架子腿上安装搁板**

按照步骤2安装一块侧板，之后将两块搁板按顺序组装，注意中间一块搁板固定在中部偏上位置。按照同样方法制作另外一个架子。

**确定架子的位置**

将桌子③顶板花纹漂亮的一面朝下，利用曲尺或卷尺将两个架子等距排好并做好标记。

**组装架子和顶板**

用电动螺丝刀在每个架子底部的6处（左中右各2处）上螺丝。此时要使用30mm的木螺丝钉以防穿透顶板。

标注①涂上油性漆，即完成

**桌子组装完成**

上漆之前用砂纸进行打磨。顶板的角用#80砂纸打磨，然后再依次用#120砂纸、#240砂纸进行研磨。最后用自己喜欢的颜料涂好即可。

# 2.制作沙发椅

🔧 材料&工具

❶椅腿：SPF2×4（38×89×720mm）×4根、（38×89×386mm）×8根、（38×89×380mm）×2根、❷座板：松木胶合板（20×500×600mm）×1块、（20×500×1200）×1块、❸背板：松木胶合板（20×150×600mm）×1块、（15×150×1200mm）×1块、❹增强板：松木胶合板（20×20×350mm）×2块、聚氨酯泡沫（20×1200×1200mm）×1块、（20×600×1200mm）×1块、木螺丝钉（细螺丝）75mm×32颗、40mm×24颗

➔木料截取图见P88

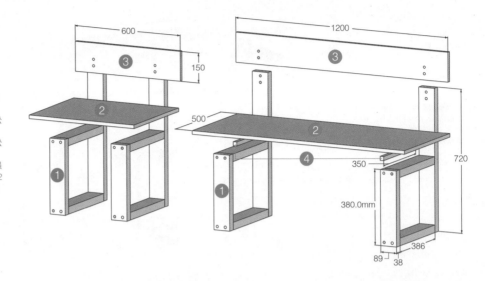

✏️ 制作方法

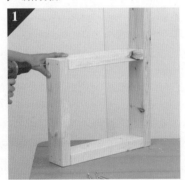

**组装椅腿**

在❶椅腿的拼接处涂上木工黏合剂后，分别用75mm的木螺丝钉在2处固定。将椅子的后腿和底部呈L字组装，然后依次按前腿、顶板的顺序组装。

**制作2个椅腿**

为每把椅子做2个椅腿。在这里我们要制作2组间隔不同的椅腿，即安装好❷座板和❸背板后椅腿间距为60cm和120cm。

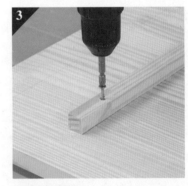

**安装增强板**

为防止脱落，在宽度为120cm的椅子座面下边安装增强板。在内侧离左右边缘14cm处用螺丝固定。

**组装椅腿和座板**

令座板下面的增强板紧贴椅腿内侧，从座板上方用螺丝钉前后固定2处。如果埋壁塞就先打孔，然后再用螺丝固定。

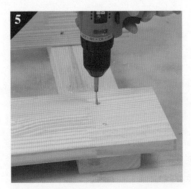

**安装背板**

将椅子的后腿放倒在地板上，安装背板。令背板分别超出左右两边和上边各5cm，上下2处用螺丝固定。

**用刨刀倒角**

背板和座板的棱角用手工刨刀即可削去。也可以用#80的砂纸将棱角磨圆。

准备一个手工刨刀

## 隐藏木螺丝钉头部，使其更美观

上螺丝时，花费一点工夫埋壁塞，完成品会提升一个档次。准备好相同直径的木壁塞、壁塞锥子和专用锯，来挑战一下吧！

壁塞锥子
Φ8mm

壁塞专用锯

木壁塞 Φ8mm

**1**

上螺丝之前先用壁塞锥子打孔。孔的深度大致和壁塞锥子的直径相同。将木螺丝钉入这个孔中。

**2**

将木壁塞往深处插入，将露在外面多余的部分用专用锯切掉。窍门是将锯紧贴木材表面进行切割。

**7**

### 椅子组装完成

上漆之前先后用#120、#240的砂纸打磨。打磨地越仔细手感越好，越美观。

**8**

### 上漆

用油性漆把布浸湿后涂抹。第一遍干燥后再涂2~3遍。

**9**

### 准备好聚氨酯泡沫

用剪刀按照椅子座面大小裁剪泡沫。这里为了避免直接接触座面的边角，将厚度为2cm的聚氨酯泡沫进行折叠，使厚度变为原来的2倍。

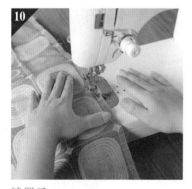

**10**

### 缝罩子

将布按照聚氨酯泡沫的尺寸裁剪后用缝纫机缝好。安装拉链便于拆洗。

### 桌子&沙发椅完成！

给聚氨酯泡沫套上罩子即完成。下面垫一块防滑垫更稳定。

更低、更广、更舒适！

## 给房间添彩

**02**

# 壁炉风格装饰架

房间里即使没有壁炉，也可以放置一个壁炉形状的架子，用时钟、照片装饰一番可以打造温馨的客厅。在隐蔽门里做一个收纳架，会颇具实用性。试着用方材和木料进行装饰，完成一件自己喜欢的设计吧。

### 🔧 材料&工具

❶侧板：SPF1×10（厚19×深235×长1090mm）×4块、❷搁板：SPF1×10（19×235×145mm）×6块、❸门板：SPF1×8（19×184×900mm）×2块、❹挡板：SPF1×8（19×184×884mm）×1块、❺顶板：SPF1×12（19×286×1000mm）×1块、❻装饰棒：白色方材（20×30×944mm）×1根、（20×30×265mm）×2根、贝壳杉木（10×10×904mm）×1根、（10×10×245mm）×2根、木螺丝40mm×50颗、合叶×4个、磁铁门吸×2个、木工黏合剂、电动螺丝刀、锯、轴锯箱、卷尺、夹具、木工腻子、砂纸（打磨机）、涂料、抹刀

→ 木料截取图见P85

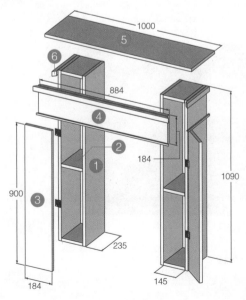

✏ 制作方法

**组装架子腿**

将❶侧板和❷搁板呈L字固定，组装成架子腿。拼接处涂上木工黏合剂，各边分别用2个螺丝固定。

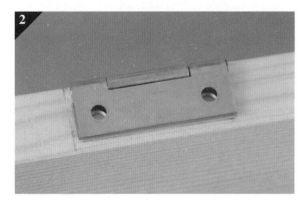

**确定合叶的位置**

做好在架子腿上安装门的准备。首先，在外侧板的侧边等间隔排列2个合叶，确定好合叶的位置。

**用凿子凿**

按照需要准备好大小合适的凿子。事先在需要雕刻的位置用曲尺比着打好墨线，用锤子一点点敲打雕刻。

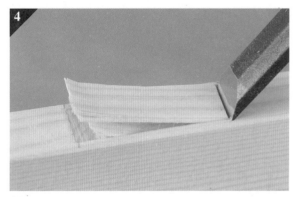

**刻槽**

直接安装合叶的话，主体部分和门之间会出现缝隙，所以要用凿子或刻刀刻一个和合叶厚度一样深的槽。

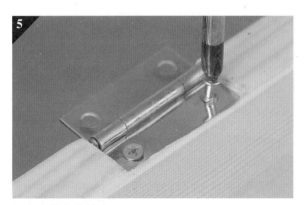

**固定主体部位的合叶**

将合叶打开放在槽里，在有螺丝孔的地方打孔后用螺丝固定。安装时要注意不要倾斜。

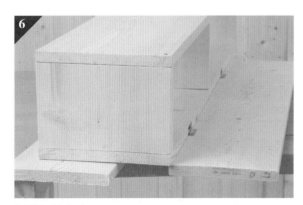

**调整门的高度**

将架子腿横放，把要安装在前面的❸门板放好。架子腿下面再放一块门板，使其高度一致。

**固定合叶**

为了便于开关，要将门安在离地板5mm处。所以，从架子腿底部上移5mm后用螺丝将合叶固定。

**安装挡板**

摆好2个架子腿，将挡板和上面的角对齐后用螺丝固定上下2处。

**安装顶板**

将❺顶板沿架子腿背面放好，调整位置直到两端各突出58mm，然后分别在两端用螺丝钉固定左右处。

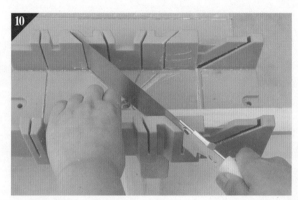

**将装饰棒切成45度角**

将❻装饰棒与❹挡板和侧板连接，围成凵形。将装饰棒放入轴锯箱，按45度角切割。

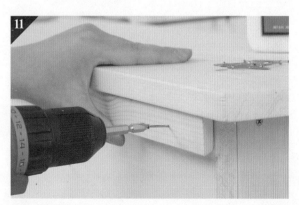

**安装装饰棒**

在❿切好的装饰棒上涂好木工黏合剂后用木螺丝钉固定。按前面、侧面的顺序测量尺寸，同时进行角度切割。

**钉螺丝的部位用腻子遮盖**

如果不想出现螺丝钉痕迹，可以用木工腻子将其遮盖。由于腻子干燥后效果会降低，所以需要涂两次。晾干后用砂纸磨平整。

上漆

将合叶用胶带遮盖好后，给装饰涂上白色的涂料。边角处用边角刷、平面用抹刀上漆。

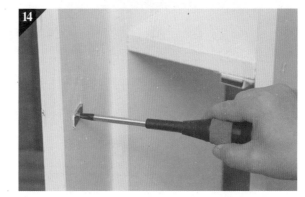

安装磁铁门吸

涂料完全干燥后安装磁铁门吸。主体部分安装在架子前面的底部，金属板安装在门上，用螺丝固定好。

## 关键点1

· 自己切割木材时，如果有锯子引导装置（轴锯箱），可以很准确地切割出直角或45度角。

· 轴锯箱的使用方法是让锯刃沿沟槽移动切割。为防止主体部分或木材移动，需要先将其固定好再切割。

## 关键点2

· 想要将平面快速整洁地涂好，就使用抹刀吧。将涂料倒入托盘中，用抹刀沾满涂料轻轻涂抹，就能涂得薄而均匀，而且不会留下刷痕。如果使用水性涂料，水洗一下就可以再次利用。

完成

喜欢简单风格的，随意装饰一下即可。如果在门或挡板上安上装饰框，作品就会变得稳重而豪华。

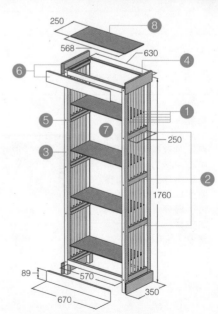

→ 木料截取图见 P87

**03** 欧式复古风

# 开放式架子

使用了圆棒的高级格子架。这是从古物中得到的启发。可以在上面陈列一些杂物、西洋书籍或像酒吧那样摆放一些酒杯和洋酒。还可以像时装店一样，将叠好的衣服整齐地摆在架子上。

### 🔧 材料&工具

❶圆棒：（Φ12mm×1690mm）×10根、❷间柱：白木（30×40×250mm）×10根、❸柱子：白木（30×40×1760mm）×4根、❹横柱：白木（30×40×570mm）×5根、❺支架：白木（10×20×250mm）×10根、❻挡板：SPF1×4（19×89×670mm）×2、SPF1×4（19×89×350mm）×4、❼背板：柳安木胶合板（5.5×568×1653mm）×1块、❽挡板：柳安木胶合板（5.5×568×250mm）×5块、木螺丝钉80mm×30颗、40mm×2颗、20mm×20颗、13mm×6颗、钻头Φ13mm、木工黏合剂、电动螺丝刀、轴锯箱、卷尺、夹具、砂纸（打磨机）、涂料、刷子

✎制作方法

**在钻头上做好标记**

准备好 Φ13mm 的钻头，在尖端10mm处用遮蔽胶带卷起来。

**在250mm的间柱上打半孔**

从❷间柱中央开始，以40mm为间隔做5处标记。以钻头上卷的胶带为标尺打深约10mm的孔。

**将所有间柱打孔**

要打孔的间柱共计10根。其中4根打10mm深的孔，剩下的6根将钻头胶带撕掉后打穿透孔。

**打磨间柱**

用#80的砂纸将间柱打孔的部位和两端的截面磨平。

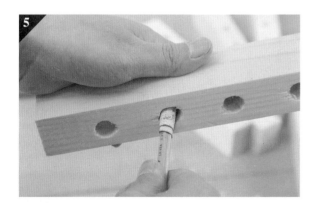

**打磨孔**

将砂纸卷在铅笔上打磨孔的四周和内侧。将孔里面的木屑拂去。

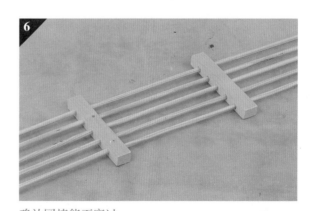

**确认圆棒能否穿过**

确认❶圆棒能否穿过间柱上的孔。为了确保偏离一点也能穿过，将孔的直径打得比圆棒的大了一圈。

**组装柱子和间柱**

在2根❸柱子中间从上到下每隔400mm安装一根间柱，用80mm螺丝固定。不要固定最下面的间柱。

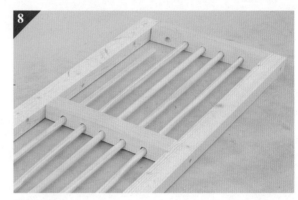

**插入圆棒**

将圆棒一根根插入组装好的木框中。插入5根之后将圆棒顶端插入最下面间柱的孔中。

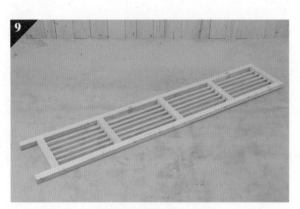

**完成格子框**

将最下面的间柱用螺丝固定好后格子框就完成了。按相同方法再做一个。

**组装格子框和横柱**

分别在两个格子框里等间隔安装5根570mm的横柱，其中前面2根，背面3根，用螺丝固定好。为避免螺丝重叠，调整好螺丝的位置。

**安装背板**

将柳安胶合板的❼背板插入到背面三根横柱上，用13mm的木螺丝固定。

**安装支架**

将❺支架与格子框间柱的下面对齐，用螺丝固定。所有的间柱都要安装支架。

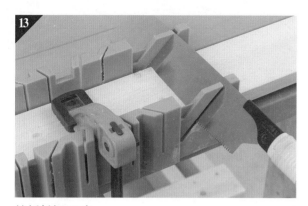

**挡板斜切45度**

覆盖在架子上下两端的❻挡板，需要将角斜切成45度。

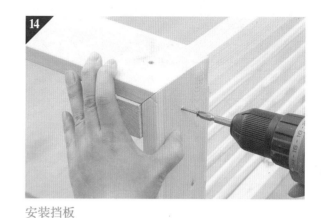

**安装挡板**

挡板按照前面、左右的顺序用40mm的木螺丝固定。令其下面与地板接触，上面遮盖住一半的横柱。

**组装搁板**

将全部❻搁板插入两侧的支架。最上面被挡板遮挡住了，但别忘记这一部分也要放搁板哦。

**上漆**

将搁板卸下后用喜欢的涂料上漆。圆棒等细小部位也可以用边角刷或水性喷雾油漆上漆。

**完成**

架子整体涂成无光泽的象牙色。如果想在架子上放一些小物件作为装饰架子，也可以将背板涂成暗色调。

## 关键点

· 将10根间柱并排放在一起做好标记，既高效又整齐。

· 打孔的时候，在间柱下面垫一块废木材，用夹具连同操作台一起固定好。

· 尽可能让钻孔机垂直于木板小心打孔。可以先用废木材练习一下。

# 多种多样的木材种类

根据质地、加工难度以及其他特性不同，木工作业中所用木材有不同种类。
我们要根据所做物品使用合适的木材。这里，给大家介绍一下具有代表性的家用木材。

## 工作材 ※其中有用美工刀、小刀就可以轻易加工的木材。有时如果用力过度可能会使木材损坏，所以处理时要注意。

| 桐木 | 可以用来制作高级衣柜等。 |
| --- | --- |
| 南洋楹木 | 是一种非常轻便易于加工的集成材。 |
| 轻木 | 轻便易切割，但是木质较脆，所以处理时要注意。 |

## 家具用材 ※硬质木材也经常用在木平台和房屋建材中。现在在建材中心可以很容易买到。

| 木质工字梁 | 由于它经久耐用，所以房屋建造中可以作为柱材使用。 |
| --- | --- |
| 实木材 | 以杉木、柏木为代表的木材。容易弯曲变形但是使用简单方便。 |
| 集成材 | 指将截面小的木材用黏合剂黏在一起制作成的木板。适合用来制作桌子板面等尺寸较大的物品。 |

## 纹理的种类 ※与弦面纹理相比，径面纹理由于不易弯曲破裂，价格较高。

| 径面纹理 | 将木材垂直于年轮的方向锯开所出现的纹理。看上去像是有很多和木材平行的细线。纹理越细表示木材越高级。 |
| --- | --- |
| 弦面纹理 | 将木材按年轮的切线方向锯开所出现的纹理。因其外观有好有坏，所以不适合做装饰板，上漆后再使用即可。 |

## 木材各部位的名称

对DIY中经常使用的资材、木材的各部位进行介绍。
了解了这些后，组装和选择拼接材料时就会很方便。

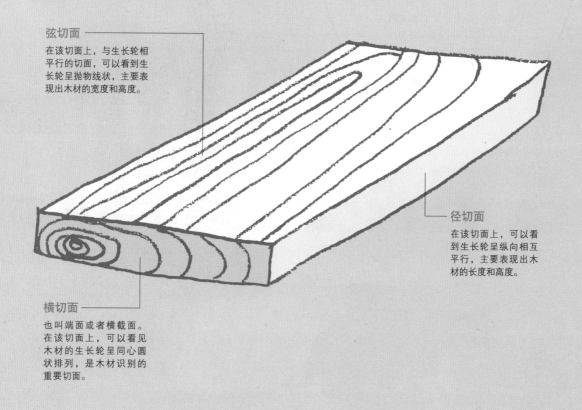

**弦切面**
在该切面上，与生长轮相平行的切面，可以看到生长轮呈抛物线状，主要表现出木材的宽度和高度。

**径切面**
在该切面上，可以看到生长轮呈纵向相互平行，主要表现出木材的长度和高度。

**横切面**
也叫端面或者横载面。在该切面上，可以看见木材的生长轮呈同心圆状排列，是木材识别的重要切面。

| 木表 | 指弦切面中靠近树皮的一侧。木材有向木表一侧弯曲的性质。用它制作桌子的桌板时，要考虑这一性质。 |
| --- | --- |
| 木里 | 指弦切面中靠近树木中心的一侧。为了看上去更美观，将木里朝外可以起到装饰板的作用。 |

第三章

# 厨房的
# DIY

## KITCHEN DIY

从早到晚一整天，又用水又用火，
让人忙得团团转的厨房，
来看看是否需要改进，
比如厨具用着是否顺手、
物品颜色是否耐脏等等。

## 橱柜的高度影响做饭水平

在厨房的主要工作就是做饭。做饭简简单单两个字，实际上包括从洗碗、切菜、烹饪、盛饭等繁多细琐的活动。这个时候，要是有一个可以用来当做工作台、收纳台的橱柜就会很方便。整体厨房从水槽到煤气灶，高度都是统一的。但实际上便于洗碗的高度、烹饪时的高度以及切菜时的高度都是不同的。适合切菜的高度为80cm左右，适合盛饭的高度为90cm左右。自己动手DIY一个橱柜，就可以慢慢体会其便利之处了。

---

### 关键点

· 测量现在所使用的厨房器具的尺寸，按照大小制作小物件和工作台。

· 根据用途不同，工作台的高度不同，所以制作橱柜前要明确其用途。

· 厨房里的小物件、家具整体色调一致时看上去会很清爽，不会显得散乱。

---

## 充分利用厨房空间的方法

厨房是一个摆满了的器具、有时不知道想找的东西在哪的繁杂空间。能有效利用这些空间的就是旋转板。在收纳台下面安装一个旋转板，可以马上将里面收纳的物品取出来，所以一定要试一下哦。

烧

切

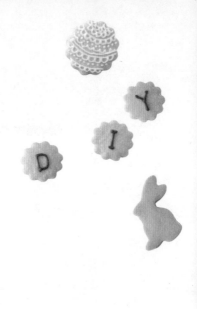

可以拆卸，
便于清洗和保管！

**01** 分享变得快乐
# 木制蛋糕架

尝试用市场上卖的木盘子和金属零件组装成蛋糕架。
点心、水果、三明治等自不必说，也可以用来放寿司
卷、家常菜等食品。

### 🔧 材料&工具

木盘子×2个、不锈钢长螺丝：（M6 285mm）×1颗、带爪螺母：M6×1
颗、不锈钢吊环螺母：M6×1颗、不锈钢圆垫圈：（M6×40×2.0）×2
个、（M6×25×2.0）×2个、不锈钢管：（Φ10mm 约300mm）×2根、
钻头Φ8mm、美工刀、卷尺、锤子、电动螺丝刀

※不锈钢管的厚度不同内径也不一样，所以要选择能够插入M6
（Φ6mm）长螺丝的钢管。结合木盘子的厚度和各盘子之间的间隔
确定钢管的长度。

※如果盘子没有上漆，事先要用符合食品安全卫生法的水性聚氨酯清漆
涂好。

## 关键点

· 事先用雕刻刀将带爪螺母按照板子的厚度调好可以使
接下来的工作更方便。

· 如果盘子较薄，需另外准备一个12mm厚的圆板，在
圆板上钉入螺母即可。

· 如果盘子材质较硬，带爪螺母很难钉入，也可以用上
述方法处理。

✏制作方法

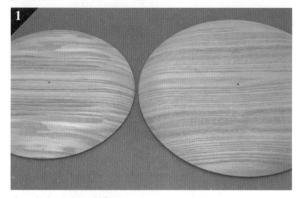

**在2个盘子中心做标记**

用卷尺找出盘子直径，画线并在线中央做标记。

**在2个盘子上打孔**

在盘子下面垫一块废木材，将Φ8mm的钻头对准之前做好的标记，尽可能垂直打孔。用#80的砂纸将打孔处磨平。

**钉带爪螺母**

继续垫着废木材，将带爪螺母插入下层盘子的孔里，从背面用锤子敲进去。

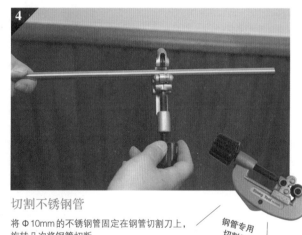

**切割不锈钢管**

将Φ10mm的不锈钢管固定在钢管切割刀上，旋转几次将钢管切断。

钢管专用
切割刀

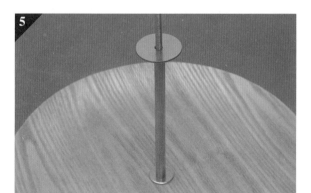

**组装下层的部件**

将长螺丝拧入带爪螺母，依次穿入圆垫圈、切割好的钢管、大的圆垫圈。

**组装上层的部件**

接下来穿入上层的盘子，和❺中一样穿好部件后，最后拧上吊环螺母。将各部分固定好后即完成。

它会轱辘轱辘地旋转，所以很容易取到要拿的调味料。

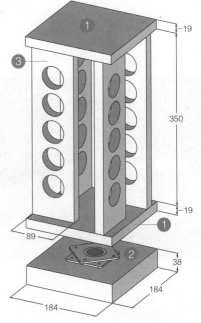

19
350
19
89
38
184
184

① ③ ② ①

仅需直径25cm的空间即可

## 02 它也可以成为室内装饰
# 旋转式调味料货架

该塔状旋转货架节省空间，能够收纳20种调味料。虽然它在组装时需要一定技巧，却是颇具存在感和个性的收纳架。

### 🔧 材料&工具

❶顶板：SPF1×8（19×184×184mm）×2块、❷底板：SPF2×8（19×184×184mm）×1块、❸侧板：SPF1×3（19×89×350mm）×4块 木螺丝钉：主体用40mm×16颗、转盘用10mm×8颗、调味料瓶（Φ35~44×H80~100mm）×20个、木工黏合剂、电动螺丝刀、木工打孔锯、75mm转盘轴承、螺丝刀、卷尺、木工角尺、夹具、涂料

➜木料截取图见P84

✏️制作方法

**在侧板上做好标记**

在4块侧板上按等间距摆好瓶子,并描出瓶底轮廓,做好标记。两个瓶子的间距最小为1cm,同时也要考虑与打孔锯直径之差。

**用打孔锯打孔**

将打孔锯安装在电动螺丝刀上,在侧板下面垫一块废木材当作垫板,用夹具固定。按照刚才做好的标记将所有孔打好后,用砂纸将孔边缘磨平。

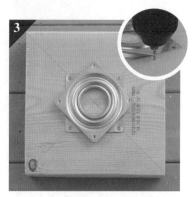

**在底板安装转盘**

在底板上画两条对角线,将转盘固定在底板中心处。接下来旋转转盘(如图),穿过转盘上的螺丝孔在底板上做好标记。

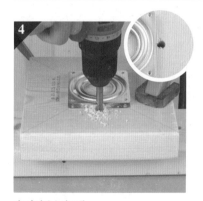

**在底板上打孔**

按照底板上的标记,用8~10mm的钻孔机垂直打孔。记得要把废木材垫在下面。

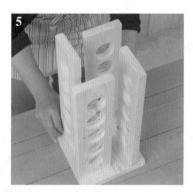

**确定侧板的摆放位置**

如图所示,将4块侧板摆放在❶顶板上之后,插入瓶子,调整摆放位置,以确保瓶子不会掉落。

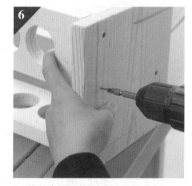

**组装侧板和顶板**

确定好侧板的位置之后,在2块顶板上做好标记。用木工黏合剂和40mm的木螺丝钉拼接。在顶板的背面也提前做好标记拼接起来就会比较容易。

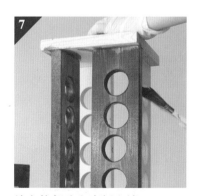

**给主体部分和底板上漆**

主体部分组装完成后,在安装底板前上漆。孔的截面要用工作用细毛刷来上漆,也可以用喷枪喷。

**颜色要与瓶子相搭配**

用胡桃色水性涂料上底色,然后在表层进行白茬浸油处理,打造出一种古色古香的感觉。

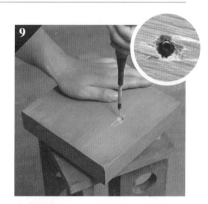

**安装底板**

将主体部分和底板倒置重叠,在确保不偏离中心的前提下转动底板,同时留意看看之前打好的螺丝孔。旋转到能看见转盘上的螺丝孔后,用螺丝刀在4处装上螺丝钉加以固定。

## 03 变得精巧
# 可推式橱柜

简单偏大的橱柜如果利用金属支撑件可以轻易组装和拆卸。在
柜面贴上专用的结实的薄膜既美观又便于打扫。再做一个配套
的灵活的推车，厨房作业就更加完美了。

### 🔧 材料&工具

［橱柜］❶顶板：（厚24×深450×宽1350mm）、❷侧板和隔板：
（24×450×900mm）×3、❸搁板：（24×450×600mm）、❹［推车］顶板和
底板：（24×300×450mm）×2、❺侧板：（24×300×550mm）×2、❻搁板：
（24×300×402mm）❼圆棒：（Φ15×678mm）、芯块胶合板、胶带、金属角码
（加固零件）、小脚轮4个、木螺丝钉、木工黏合剂、美工刀、电动螺丝刀、卷尺、涂
料、刷子、干燥机、剪刀、橡皮刷（或短毛刷）

➡️木料截取图见P86

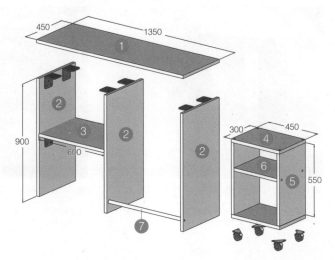

# 1.制作橱柜

✎ 制作方法

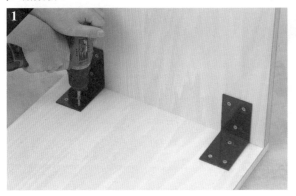

**组装顶板和侧板**

先将金属角码安装在❷侧板两端。如图所示，将❶顶板放在下面与侧板呈L字，用螺丝固定。

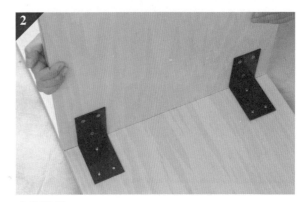

**安装隔板**

用来支撑橱柜中央部位的隔板也要像❶中一样，安装好金属角码后用螺丝固定。

**将主体立起放在平坦位置**

组装好顶板、侧板和隔板后，在平坦处将主体立起放好。这个时候因为主体还不太结实所以不要移动。

**安装搁板**

根据收纳物大小确定❸搁板放置的位置后，安装4个金属角码。将搁板放上去确认水平后用螺丝固定。

**防止摇晃**

没有安装搁板的地方容易摇晃，所以要用Φ15mm的圆棒加以固定。将圆棒切割成所需长度，水平放好后在外侧用螺丝固定。

**橱柜组装完成**

涂上喜欢的涂料后即完成。如果在组装之前涂好涂料，就可以省去遮盖加固零件的步骤。

# 2.制作推车

**组装推车的顶板和侧板**

在⑤侧板的侧边涂上木工黏合剂，与④顶板组合成L字，两端和中央用螺丝固定。提前用钻头打好底孔更加方便。

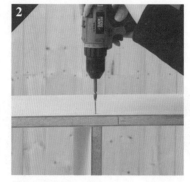

**组装底板和搁板**

将④底板涂上木工黏合剂后在各边左中右3处用螺丝固定。为了方便以后移动位置，不要在⑧搁板上涂黏合剂。

**推车组装完成**

推车的尺寸应以可以放入橱柜当中为准。橱柜和推车组装完成后贴上胶带和贴膜。

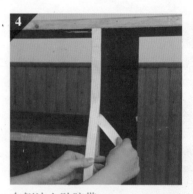

**在侧边上贴胶带**

将剥离纸沿侧边贴好，注意不要露出来。按压剥离纸确保不会进空气后用美工刀仔细裁好。

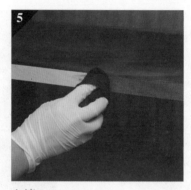

**上漆**

将内侧用半光泽的水性颜料、外侧用油性漆分开上漆。后来贴上的侧边胶带也要上漆。

**在顶板涂底漆**

给顶板贴膜之前，要拂去表面的木屑，涂一层专用底漆。注意不要忘记涂侧边。

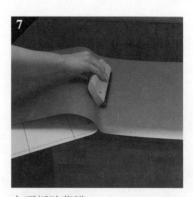

**在顶板贴薄膜**

按照顶板的尺寸裁剪贴膜，然后用刷子或滚筒边往前推边贴，防止出现气泡。

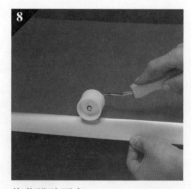

**将薄膜贴严实**

尤其要仔细贴边缘部分。用贴墙纸用的滚筒或橡皮刷按压使其贴合。在贴的同时用干燥机加热会更美观。

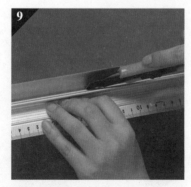

**切除不需要的部分**

用金属尺比着小心裁剪。

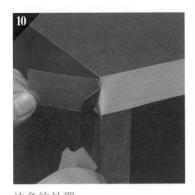

**边角的处理**

将薄膜与侧边角部贴紧，使薄膜呈折叠状粘贴，出现折痕后将重合部分撕下。

**在推车上安装小脚轮**

小脚轮要安装在较内侧避免外露。在前面或后面安装2个制动器。

## 关键点1

· 芯块胶合板的侧边处会出现芯材的接缝。贴上用同样品种的材料制成的粘贴胶带的话，就可以完美遮盖接缝。要选择和合板厚度相同的胶带。

**完成**

成品像不锈钢顶板一样。厨房的门如果也贴同样的贴膜，就能营造出具有统一感的空间。
（P68）

## 关键点2

· 如果使用防水耐热性好的贴膜，在经常接触水的厨房也能制作出耐用的家具。

## 关键点3

· 给顶板贴薄膜，只要顶板有一点凹凸不平，薄膜表面就会出现褶皱。为了防止褶皱出现，可以利用埋头钻。用这种钻打孔时会钻出一个和木螺丝钉钉帽一样的锥形，这样木螺丝钉就可以完美地嵌入了。

# 用废木材制作装饰品

DIY中每做一些东西都会产生废木材。大家一定不想把这些废木材直接扔掉吧。

接下来，要教给大家重新利用这些废木材的方法。

## 骰子

有剩余的正方形方材时，不妨在上面钉上小钉子，做成骰子。木材相互撞击时发出的咣咣声让心里暖烘烘的。骰子点数也可以用颜料画上去。

复古风的柳钉更具时尚感！

木纹与瓷杯、玻璃杯都很搭！

## 垫子

非常容易剩下的偏厚的废木材，切割成正方形可以用来做杯垫。表面涂上一层蜜蜡等吃进嘴里也无害的涂料后，水洒出也没关系。15cm的方形板子可以用来做锅垫。

孩子们的天然的玩具！

## 积木

废木材剩下后，用粗砂纸将角磨圆。这样孩子们喜欢的积木就做好了。没有涂过颜料不加修饰的废木材，是天然的积木玩具，让人放心。

# 第四章

# 寝室和书房的DIY

## PRIVATE ROOM DIY

将作为寝室、书房使用的
私人空间，
装饰出自己的风格吧。

## 用创意收纳架打造个人中意的空间

将桌子上的书、文件摆放整齐，书房应该会变成更加有创意、有闪光点的空间。因此，在这里主要考虑一下能够提升情调的收纳方式吧。我们经常使用的A4尺寸的文件是21cm×29.7cm。所以，纵向收纳柜的高度需要30cm。考虑到取文件时为了能让手指伸进去，将横向收纳柜高度设置为3cm左右即可。

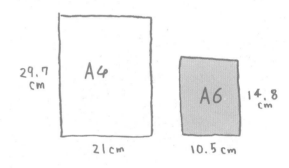

### 关键点

· 制作收纳家具时，要考虑收纳物品的尺寸和存取时的便利性。

· 制作设计和颜色都别具一格的创意家具。

· 用废木材制作新的家具或架子。

## 根据现有的空间或木材制作家具

与"根据物品制作家具"相反，"根据空间来制作家具"也是DIY的魅力之一。另外，用多余的木材制作架子或收纳柜，将材料全部用完也是一件开心的事。有时候花钱请家居中心按自己所希望的尺寸切割木材后，还可以免费请他们帮忙切割废木材，用这样的废木材来挑战一下DIY吧。

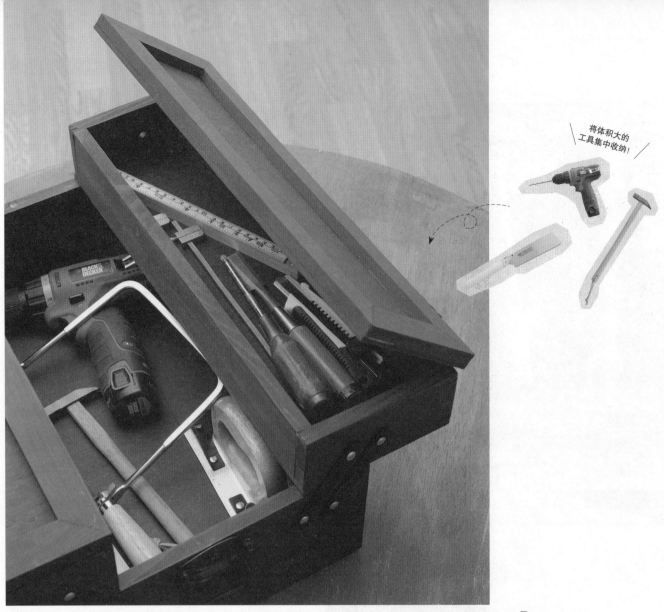

将体积大的工具集中收纳！

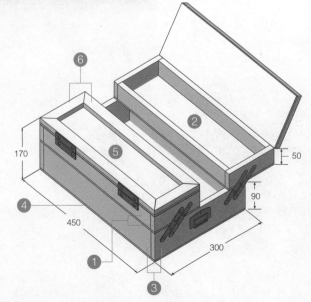

## 01 可以放入很多工具的
## 工具箱

在跳蚤市场上看见过不怎么好看的怀旧风的木工工具箱，以此为参考，试着做了一个行李箱形状的收纳箱。2层的箱子从左右打开，放东西取东西都非常方便。也可以根据收纳物品的大小在中间加一个隔板。

### 🔧 材料&工具

❶上层侧板：红松木（15×50×424mm）×4块、（15×50×150mm）×4块、❷上层底板：柳安胶合板（5×150×450mm）×2块、❸下层侧板：红松木（15×90×424mm）×2块、（15×90×300mm）×2块、❹下层底板：柳安胶合板（5×300×450mm）×1块、❺盖板：椴木胶合板（5×150×450mm）×2块、❻盖板框：红柏工作材（15×30×900mm）×3根、木螺丝钉30mm×28颗、13mm×52颗、支柱100mm×8个、组装螺丝M4.5×15mm×16个、合叶×4个、拉手×2个、木工黏合剂、电动螺丝刀、钻头Φ5mm、曲尺、夹具、锯、轴锯箱、颜料、刷子

➜木料截取图见P87

✏制作方法

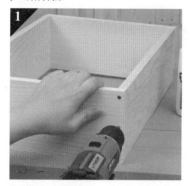

**1**

**组装箱子的侧板**

将❶、❸侧板的拼接面涂上黏合剂，用30mm的木螺丝钉按照L、凵、口字形的顺序组装。每边用螺丝固定2~3处。

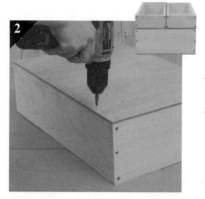

**2**

**安装底板**

在侧板侧边涂上黏合剂，与❷、❹底板粘好后用13mm的木螺丝钉固定。螺丝的间隔可以小些，以保证底板不会脱落。一共做3个箱子。

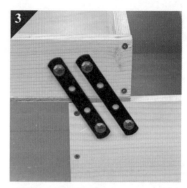

**3**

**确定支架的位置**

将上层箱子向外移动7cm，在侧板两面分别用2个大头钉半固定，保证箱子能左右开关即可。

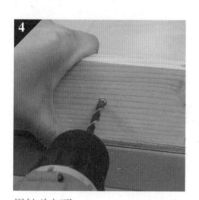

**4**

**用钻头打孔**

将半固定的大头钉取下并在原位置用Φ5mm的钻头打孔。

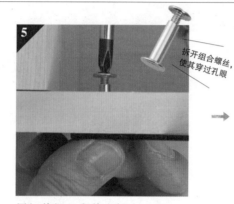

**5**

拆开组合螺丝，使其穿过孔眼

**用组装螺丝安装支架**

将支架放在下层箱子的侧面，组合螺丝从孔里穿过后，用螺丝刀从箱子内侧拧紧固定。需要在两个侧面共安装8个支架。

**6**

**支架安装完成**

将箱子重叠放好，把安装在下面的支架用组合螺丝一个个固定好。安装好所有的支架后确认箱子能否顺利开关。

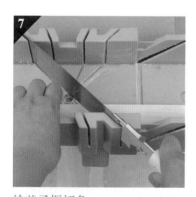

**7**

**给盖子框切角**

按照❺盖板的尺寸切割木框。把工作材料较宽的一面放在轴锯箱上，切割成45度角。

**8**

**组装顶板和盖子框**

在盖子框上涂好黏合剂，把椴木胶合板顶板贴上去。黏合剂晾干后从里面用13mm的木螺丝钉固定。

**9**

**安装盖子和拉手**

将主体部分和盖子用喜欢的颜料涂好晾干。上层箱子的盖子用合叶固定，下层箱子侧面安装好提手后即完成。

## 完美收纳大尺寸文件的
# 文件架

纸张有各种各样的尺寸，但是已有的文件架都是A4大小。大尺寸文件架价格昂贵不太合算。这个时候自己DIY一个尺寸合适的文件架更加合适。这里制作的是可以并排放入2张30cm纸大小的架子。

### 材料&工具

❶侧板：SPF1×3（19×63×235mm）×10块、❷顶板：SPF1×3（19×63×660mm）×5块、❸底板：柳安胶合板（15×318×660mm）×1块、❹搁板：柳安胶合板（5×318×620mm）×4~7块、❺增强板：柳安胶合板（5×30×318mm）×4块、❻支架：工作材 三角（15×15×300mm）、木螺丝钉（侧板用：13mm×40颗、底板用：30mm×20颗、顶板用：40mm×20颗）、木工黏合剂、电动螺丝刀、涂料

➜木料截取图见P86

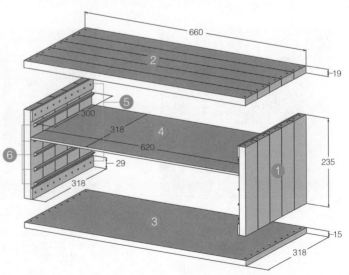

✎ 制作方法

制作两块侧板

将5块切成等长的1×3倍材的❶侧板排列好，两端用增强板固定。侧板拼接面涂上黏合剂后用13mm的木螺丝钉固定。

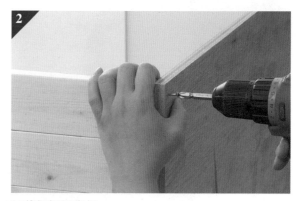

组装侧板和底板

在侧板侧边涂上黏合剂，和柳安胶合板的❸底板对齐，用30mm的木螺丝钉固定。

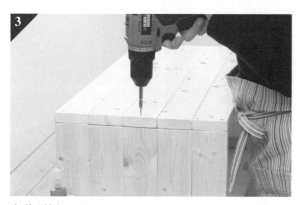

安装顶板

组装好2块侧板和底板后，在侧板侧边涂上黏合剂，将❷顶板排列好后用40mm的木螺丝钉固定。

主体部分组装完成

如果顶板有些弯曲，可以通过在两端钉螺丝钉来矫正。如果需要安装背板，此时就可以安装。

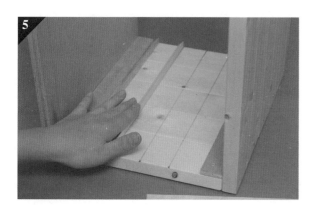

粘贴支架

在侧板内侧左右两边标记好支架的位置。用木工黏合剂将❻支架粘贴好，按压使其完全硬化。

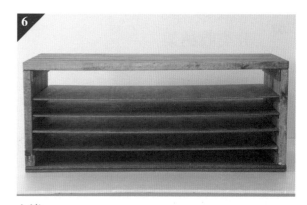

上漆

用砂纸研磨边角和表面，涂上喜欢的涂料即完成。不要忘记搁板也要涂。涂好后放在通风处令其干燥。

## 03 充满怀念之情的
# 分类收纳架

仿照以前邮局的分类架做成的迷你型分类架。有了它，不光是书信和明信片，工具、杂货的整理也非常方便。另外，为了在桌子上也能使用，这次设计成了可以收纳A4尺寸文件的样式。

### 🔧 材料&工具

❶顶板·底板：SPF1×10（19×235×632mm）×2块、❷侧板：SPF1×10（19×235×378mm）×2块、❸中板：SPF1×10（19×235×340mm）×1块、❹隔板支架：柳安胶合板（5.5×84×200mm）×14块、❺隔板：柳安胶合板（5.5×200×340mm）×5块、❻中架：柳安胶合板（5.5×200×445mm）×2块、木螺丝钉40mm×12根、13mm×28根、说明框架×7个、木工黏合剂、电动螺丝刀、钢丝锯、卷尺、夹具、涂料

➡木料截取图见P87

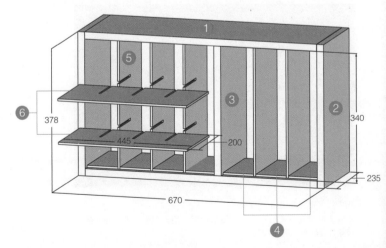

🖊制作方法

**1**

安装隔板支架

将❹隔板支架放在底板中间并与底板的边缘对齐，用13mm的木螺丝钉在前后2处固定。顶板也按同样方法安装。

**2**

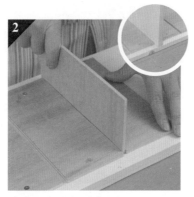

确定隔板支架的间隔

两块隔板支架的间距为竖起后隔板支架的厚度（约6mm）。其中，第3、4块之间的间隔为❸中板的厚度。

**3**

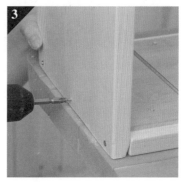

组装顶板和侧板

在❶顶板的侧边涂上黏合剂，将❷侧板竖起组装。各边3处用40mm的木螺丝钉固定。

**4**

安装侧板和底板

在侧板和中板的侧边涂好黏合剂。将中板竖起，上面搭上底板后用螺丝固定。

**5**

固定中板

从底面对准中板上螺丝。如果木板不弯曲，就不用再从顶板上螺丝了。

**6**

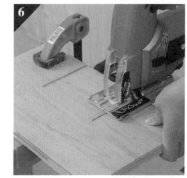

开槽

在2块❻中架和3块❺隔板上打墨线。分别将其摆在一起用夹具固定后切割。如果没有钢丝锯，可以用锯和凿子开槽。

**7**

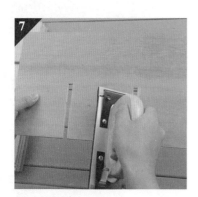

用砂纸打磨

用#80的砂纸打磨开槽部位。要一块一块地仔细打磨。

**8**

组装隔板和中架

在隔板支架的间隙中插入隔板、开槽部位插好中架，组装完成。

上漆

取下中架和隔板，用砂纸将整体打磨一遍后涂上喜欢的涂料。干燥后用钉子钉上说明框架。

## 04 变幻自如的
# 顶天立地置物架

这种顶天立地置物架在不能钉螺丝钉的房间里非常方便。虽然现成的也很方便，但是自己制作的用起来绝对更顺手。因为主要成分是木材，所以上螺丝、打孔、上漆等都很容易。试一下随心所欲地安装放置镜子、装饰框、电子产品的放置架，设计一个独一无二的特别角落如何？

🔧 **材料&工具**

柱子：木材（38×89mm）、废木材、搁板（自己喜欢的大小）、木螺丝钉、锯、活动扳手、电动螺丝刀、卷尺、涂料、刷子

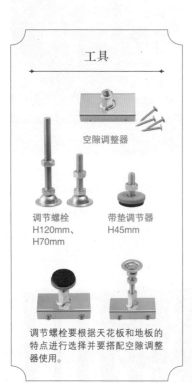

### 工具

空隙调整器

调节螺栓
H120mm、
H70mm

带垫调节器
H45mm

调节螺栓要根据天花板和地板的特点进行选择并要搭配空隙调整器使用。

安块镜子作为穿衣镜

摆上智能手机、平板电脑

摆上鞋作为装饰

55

**制作方法**

**测量天花板的高度**

事先确定好尺寸，用卷尺测量从地板到天花板的高度。

**切割木材**

将木材切割成一定长度，即天花板的高度减去上下调节螺栓的高度后的长度。锯木材时垫一块废木材会比较好。

**一端安装调节螺栓**

将安装好调节螺栓的空隙调节器覆盖在木材的顶端，用附属螺丝固定。

**安装另一端的调节螺栓**

在另一端上安装空隙调节器。

**设置柱子**

将柱子垂直竖起，用上下调节螺栓调节高度。最后用活动扳手拧紧螺母，将其固定好。

**安装支架**

在两根柱子中间安装搁板前，需要事先安装支架。支架可以使用市面上卖的，但利用废木材可以降低成本。

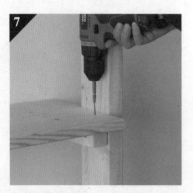

**安装搁板**

按照柱子的间隔大小切割搁板。将搁板架在支架上，在上面2处用螺丝固定。这里使用了厚度为19mm的木材做支架。

**收纳架完成**

按个人喜好安装搁板的数量。一定要将柱子设置在天花板和地板牢固的地方。如果将整面墙都作为置物架，架子和架子之间要隔60~90cm。

**关键点**

· 将木材组装成挡板后让其遮盖住调解螺栓，使置物架看上去既有分量感又美观。

## 05 运用顶天立地置物架原理的 古典窗框

在窗子两侧立几根柱子就可以安装窗帘架盒、晾衣服的竹竿，只是像图片中那样随意地安装个框就能打造温馨的窗框。

※根据安装窗框的空间大小准备所需木材。

✎ **制作方法**

**安装柱子**

窗户两侧立2根柱子，在窗框位置安装支架和框架。底板使用好木材，支架使用废木材。

**安装框架**

安装框架来隐藏原有窗框。将柱子和框架用螺丝固定。

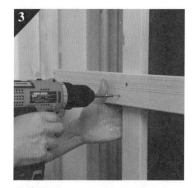

**安装格棂**

在窗户上安装十字形格棂，就像格子窗一样。注意不要影响窗户的开关和上锁。

# 第五章

# 墙壁的
# DIY

## REMAKE WALL DIY

只需换一张墙纸,
房间的氛围就会完全改变。
不妨在新生活、新季节来临之际,
怀着轻松的心情改造一下墙壁吧。

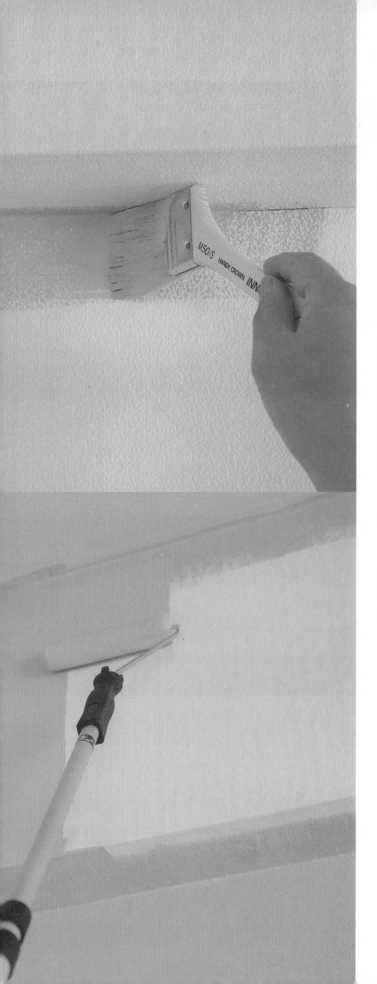

## 首先从弄清墙壁材料开始

改造墙壁之前先调查一下现在墙壁的材料吧。凹凸不平、贴得不均匀的墙纸需要先撕下来然后贴一层基层材料。如果不这样，可能会出现墙纸贴不上或涂料涂不匀的情况。和化妆一样，先给墙壁"打底"也很重要。所以，在用混凝土做成的墙壁上贴好墙纸用基层材料再开始接下来的工程吧。不过，室内墙壁直接贴墙纸也没关系。涂涂料时，为了避免呈现混凝土的质感，推荐先贴上一层个人喜欢的墙纸基膜。

---

### 关键点

· 从弄清墙壁所用材料开始。

· 在墙上涂颜料时，贴上自己喜欢的墙纸再涂，质感会变好。

· 如果知道墙壁构造会更方便制作架子。

---

## 让我们了解一下墙壁的构造吧！

平时我们可能很少能看见墙壁里面。一般情况下，墙壁里面会通一根柱子，用胶合板或石膏板夹着这根柱子做成墙壁。切断柱子或在胶合板的墙壁上打孔会给房子造成负担，但是在石膏板上打孔则没关系。所以可以利用墙的厚度制作壁龛等收纳架。（更详细的说明见P72）

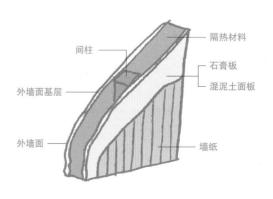

隔热材料
间柱
石膏板
外墙面基层
混泥土面板
外墙面
墙纸

01

涂上喜欢的颜色，转换心情

## 给墙面换个颜色

即使是普通的墙纸，涂上另一种颜色也可以让房间变得明亮、时尚。低温或湿度高时涂料不容易干，所以在天气好的时候开工吧。

🔧 **材料&工具**

水性涂料、边角刷、滚筒刷、滚筒用方桶、
遮盖胶带、遮盖膜

多准备一些
涂料吧

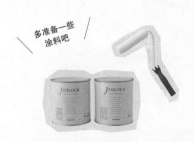

✎ 制作方法

**1**

**贴遮盖胶带**

在边角或需要分别涂抹的部分贴上遮盖胶带。地板提前用报纸或保护垫等遮盖好。

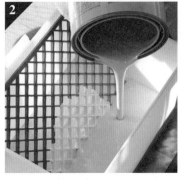

**2**

**准备好涂料**

为防止颜色浓淡不均，先将涂料罐倒置慢慢搅拌一下再打开。用较深的滚筒用涂料方桶盛涂料比较方便。

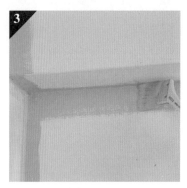

**3**

**从边角处开始涂**

滚筒不好涂的地方就改用水性边角刷。像拿铅笔那样拿着涂，不管是角还是面都能快速涂好。

**4**

**涂较广的面**

将滚筒沾满涂料，在格网上将多余涂料蹭掉后从上往下慢慢刷涂。

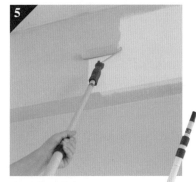

**5**

**高处使用接杆**

涂靠近天花板手够不到的墙面时，可以安上专用的接杆来调节把手的长度，或者站在梯凳上作业。

使用接杆更方便

**6**

**揭下遮盖胶带**

刷完后要尽快揭下遮盖胶带。如果等干燥后产生涂膜再揭，揭的时候涂膜会和胶带一起脱落，所以一定要注意。

**7**

**放置到完全干燥**

涂料完全干燥所需时间，根据季节不同大概为几个小时到一天。利用空调或电扇可以缩短干燥时间。

## 关键点1

· 提前用洗涤剂去除墙壁的污迹，为防止洗涤剂残留要用布擦干净。

· 脱落的壁纸用黏合剂粘好，螺丝孔用油灰填充。

· 刷墙质量的好坏取决于遮盖胶带。贴胶带时要仔细，注意不要让涂料从边上进去。

## 关键点2

· 将滚筒往墙壁上压涂料就会出来。控制好力度，将涂料均匀涂开。

· 严禁涂得很厚。即使出现涂抹不均的情况也要等干燥之后再涂第二遍，这样涂出来更美观。

## 02 质感、设计的选择也很有意思！
## 换一种墙纸

墙纸的好处在于设计多样、短时间内可以更换。用带胶墙
纸，墙纸干燥之前重新贴多少次都可以。

### 🔧 材料&工具

墙纸、短毛刷、小滚刷、竹刮板、刮板、美
工刀、剪刀、遮盖胶带、遮盖膜

---

### 关键点

· 粘贴之前，先用刮板、油灰处理一下墙壁，确保基层墙面
平整。

· 使用短毛刷的窍门是：像写"八"字似的左右均匀移动。

✎ 制作方法

**揭下墙纸**

拆掉插座边框，揭下旧墙纸。用遮盖胶带或遮盖膜把不能沾上胶水的地方保护好。

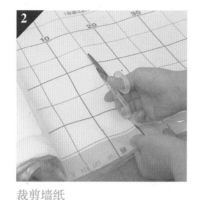

**裁剪墙纸**

测量天花板到地板的高度，将墙纸多裁剪出5~10cm。带花纹的墙纸在图样连接处裁剪，花纹搭配起来比较容易。

**用线确认是否垂直**

将系有重物的线或细绳从天花板垂下来就能确认墙纸是否与水平线垂直。

**将第一张墙纸临时固定**

粘贴墙纸，确保墙纸与垂下来的线平行。将剥离纸一点点揭下来。注意墙纸不要上下颠倒。

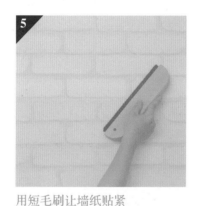

**用短毛刷让墙纸贴紧**

用短毛刷由内向外轻刮平墙纸，挤出气泡让墙纸贴紧。如果出现褶皱，就小心揭下来重新贴。

**贴其余的墙纸**

贴第二张墙纸时，与第一张墙纸边缘重合着贴。用刷子按压之后比着刮板将重合部分用美工刀划一道痕。

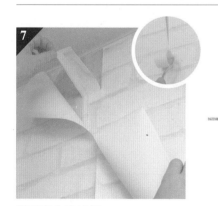

**揭下多余的墙纸**

将重合的墙纸揭下，用小滚刷按压接缝处。用湿布擦除胶水后再重复❹~❼的步骤。

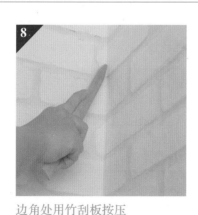

**边角处用竹刮板按压**

边角处为了防止墙纸翘起，要用竹刮板按压让墙纸贴紧。注意不要把墙纸弄破。

**完成**

在插座或照明开关处切入十字纹，然后用刮板比着切掉多余的部分。将最下面的墙纸沿着护墙板切好。

试着在墙壁和天花板的交界处安装装饰线条吧。树脂制品不仅轻便，安装也简单。安上装饰线条，可以打造出有情趣的立体式空间，也可以防止墙纸脱落。

🔧 **材料&工具**

线条、强力双面胶、内部装饰用填充材料（填隙材料）、锯、轴锯箱

🔪 **制作方法**

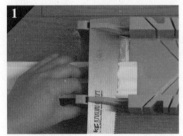

**平面类的切角**

背面平整的平面类装饰线条，将平面朝下放入轴锯箱中，将锯倾斜45度切割。

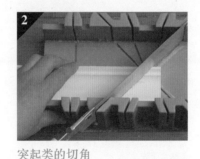

**突起类的切角**

倾斜的突起类装饰线条，要倾斜着放入轴锯箱中。将锯垂直对准装饰线条，呈45度切割。

**贴双面胶**

将装饰线条切割成所需长度，在背面贴上厚的强力双面胶，揭下剥离纸。

**将装饰线条贴在墙壁上**

将装饰线条的顶端与墙角对好后，沿天花板与墙壁的交界处贴好。装饰线条过长时会弯曲，所以两个人一起弄比较好。

**用填充材料填充缝隙**

一般房间的四角都不是直角，接合部都会出现缝隙。用填充材料填充还可以用来防止脱落。

**完成**

通过安装边框，可以遮盖住墙纸的接缝处和分开涂漆部分，打造出有统一感的空间。

✎ 制作方法

**1**

保护好地板

地板和天花板用遮盖膜或遮盖胶带保护好。卸下开关、插座的外框将内部遮盖好。

**2**

和硅藻土

往装在塑料袋里的硅藻土里加入适量的水，揉搓使其混合。揉到没有土疙瘩为止。

**3**

用泥瓦刀抹墙

将硅藻土放在泥瓦台上，用泥瓦刀取少量，一点点从下往上涂。

用泥瓦刀一点点涂

**4**

抹边角处时将泥瓦刀倒过来

天花板周围、墙角等细微之处，将泥瓦刀倒过来操作会涂得比较好。

**5**

揭掉遮盖物

涂完所有墙面后，趁着半干的时候揭下遮盖胶带和遮盖膜。让房间通风几天即完工。

**关键点**

· 要仔细铺好遮盖膜，防止弄脏地板。

· 颜色深浅不一之后可以修正，所以放开去涂吧。

· 和吐司上涂黄油的一样，关键是让泥瓦刀平行滑动。

**04** 让墙面更有感觉
## 涂硅藻土

硅藻土壁材的主要原料是藻类化石的堆积物。DIY用的硅藻土壁材操作简单。涂上厚厚的一层会产生厚重感，只涂薄薄的一层也会让墙壁变得有情趣。

※根据墙面不同，有的需要处理基面。

🔧 材料&工具

硅藻土壁材、泥瓦刀、泥瓦台、遮盖胶带、遮盖膜

### 打开后想一窥究竟
## 壁橱的翻新

将容易塞满的壁橱设计成展示箱那样。在门上涂一层黑板漆，可以用来写日程安排或笔记。如果内部用亮色和喜欢的布料装饰，收拾整理起来也会很快乐。

### 🔧 材料&工具

黑板漆、水性涂料、布、边角刷、滚筒刷、滚筒用方桶、遮盖胶带、遮盖膜

在黑板上
写上信息

✐ 制作方法

**打扫壁橱**

改造壁橱内部和门之前，要先将整体打扫干净。

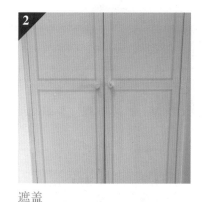

**遮盖**

用宽度不同的遮盖胶带制作装饰框。将不能沾上涂料的地方遮盖好。地板也提前用遮盖膜遮好。

**用刷子涂细小部位**

首先将门把手周围和要分开涂的地方用刷子涂好。黑板漆的涂法和普通水性涂料涂法一样。

**涂较广的面**

门表面等较广的面用滚筒刷来涂。在格网上蹭掉多余的涂料，均匀地涂抹。

**揭下遮盖胶带**

涂好后马上把遮盖胶带揭下来，完成品会很漂亮。因为这里想让装饰框有一种粗糙的感觉，所以等干燥之后才揭下来。

**涂饰内部**

用水性涂料涂抹壁橱内部的壁板和底板。因为面很广，所以可以用滚筒来刷。但是用抹刀抹刷，无论是面还是角涂起来都很方便。

**贴布**

油漆晾干后在里面贴上自己喜欢的布。在适当间隔用钉枪钉好以防出现褶皱。

**完成**

涂饰好壁橱门和内部、贴好布之后就完成了。原本毫无趣味的壁橱空间焕然一新。

---

## 关键点

· 因为用聚合板做成的门不容易上漆，所以提前用#80的砂纸打磨一下。将碎屑全部拂去再上漆。

· 遮盖胶带要贴严实，以防涂料进到缝隙中。

设计后

# 06 方便打理
## 厨房改装

并不是用着不方便，只是介意那过时的设计。让我们通过DIY来消除对厨房的这种不满吧。关键在于材料的选取。因为是每天都会用到的地方，所以要选择容易打扫和维护的材料。

### 🔧 材料&工具

接缝材料、橡胶刮刀、接缝泥瓦刀、Di-Noc特耐贴膜专用底漆、刷子、干燥机、美工刀、剪刀、短毛刷、螺丝刀
※薄膜贴法详见P70

设计前

# 1.瓷砖接缝的修复

水槽、烤炉周围的瓷砖经年累月会出现污渍和残缺。如果要修复，也可以顺便更换一下接缝的颜色。选择深颜色，污渍就会不明显而且便于日常打理。

设计前

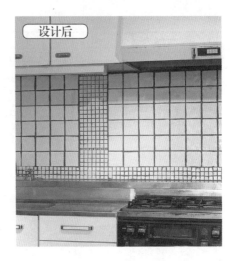

设计后

## 工 具

**接缝材料**
用来填充瓷砖接缝的材料。加水和好后使用。

**橡胶刮刀**
用来将和好的接缝材料涂抹开，然后集中涂到接缝处的工具。

**接缝泥瓦刀**
整理接缝材料涂的专用泥瓦刀。根据接缝的尺寸不同，其大小也不同。

✎ 制作方法

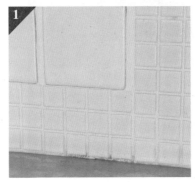

**1**

**将瓷砖和接缝清理干净**
用中性洗洁精将瓷砖和接缝的油污清理干净。残缺的接缝用一字螺丝刀削掉。

**2**

**涂抹接缝材料**
将接缝材料放入碗里用水和好，用橡胶刮刀涂抹开。时间长了会干燥，所以要快速填充接缝。

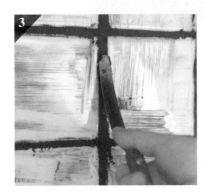

**3**

**整理接缝**
用接缝泥瓦刀从上往下像描字一样整理接缝，使接缝高度相同。接缝残缺的部分要仔细填充。

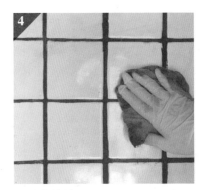

**4**

**用湿布擦拭**
晾一小时后，用湿布轻轻擦除表面残留的接缝材料。用力摩擦会划伤接缝，所以擦的时候要小心。

设计前

设计后

## 2. 在门上贴薄膜

将橱柜的门翻新一下，厨房的感觉会大有不同。用油漆涂也可以，但如果用专用粘贴薄膜的话，就可以将门简单升级到和整体厨房相提并论的级别。

✏ 制作方法

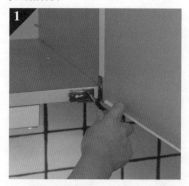

**1**

**拆下橱柜的门**

拧开合叶上的螺丝将门拆下。注意不要弄丢螺丝、金属零件、把手等。拆之前可以先拍张照片确认位置。

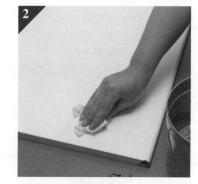

**2**

**擦掉门上的污迹**

除了把手、金属支架等难以拆掉的，全部拆除。门上的污迹用洗洁精洗后擦干。

### 工具

**Di-Noc特耐贴膜**

是一种可以用在内外装饰上的持久性好、耐划性强的带粘性的薄膜。这种贴膜较厚容易粘贴，如果使用干燥机，在弯曲面也能够粘结实。贴膜上有单色、金属、木材、石头纹理等栩栩如生的图案，非常高级。

**3**

**上底漆**

根据基层材质不同，Di-Noc特耐贴膜有时可能不容易粘贴，所以需要提前用刷子涂一层底漆。

**4**

**在门上贴薄膜**

根据门的大小裁剪薄膜，揭下剥离纸后贴在门上。注意花纹要朝同一个方向。

## 用金属漆涂把手

在给人廉价感的塑料把手、涂一层金属漆。不仅变得像铸件一样有厚重的质感，也能使之成为厨房的焦点。

**金属漆
SCHUPPENPANZER P**

原本是被研发出来修复锻铁用的德国产的油性漆。可以直接涂在铁、铝、木材、塑料上。涂膜结实持久性强。

**1** 用洗洁精去掉把手上的污渍后，用油性用刷子涂上一层薄薄的金属漆。干燥之后再涂第二遍。完成后用砂纸打磨一遍会有光滑的触感。

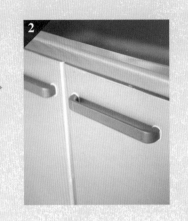

**2**

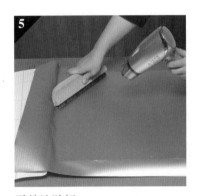

**5** 平整地贴好

出现气泡时，用干燥机的暖风边吹边用刷子按压。轻轻抻一下可以防止褶皱。

**6** 贴曲面时的窍门

用干燥机加热后薄膜会变软。注意如果拽的力度过大，薄膜就恢复不到原来的样子了。边轻轻拽边仔细贴严实。

**7** 处理边缘

多出来的薄膜用美工刀切掉。粘贴过程中出现气泡时就用美工刀切开一个小孔从上面压一下。

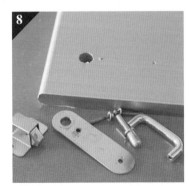

**8** 将所有门都贴上薄膜

其余的门也按照同样方法贴膜。门把手等需要开孔的部位用美工刀开孔。

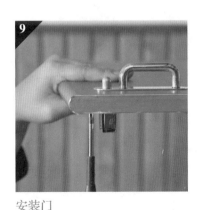

**9** 安装门

将拆掉的把手、金属零件复原，把门安好。不要忘记调整合叶的位置确保门能正常开关。

**10** 完成

就像经过发纹处理的不锈钢一样，门来了一个大变身。防油污、抗腐蚀、少划痕，打理简单，这些都是Di-Noc特耐贴膜的魅力。

71

# 墙壁构造的详细说明!

　　墙壁并不是被一块板子隔开里面完全是空的。墙壁的构造P59里也介绍了，分为好几层，改装起来也似乎比较难。如果想要在这样的墙壁上打孔安装装饰架，要怎么办才好呢?

　　在这里给大家介绍一下使用锚栓固定螺丝的方法。

## 墙壁里面是什么样的呢?

墙壁从内侧开始，分别为墙纸、石膏板（或混凝土板）、隔热材、柱子、外墙面基层、外墙面等。墙壁里面等间距排列着间柱。没有间柱的地方是空洞。作业时，要辨别可以打孔和不能打孔的地方。

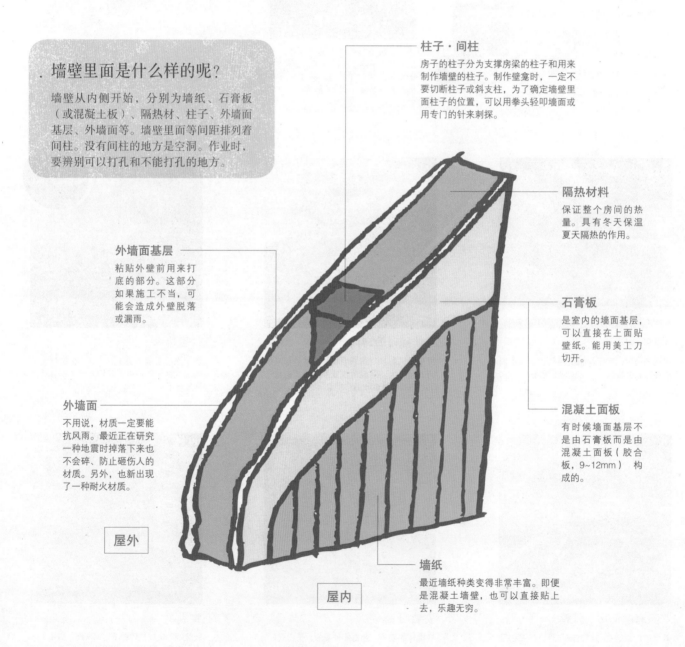

**柱子·间柱**

房子的柱子分为支撑房梁的柱子和用来制作墙壁的柱子。制作壁龛时，一定不要切断柱子或斜支柱，为了确定墙壁里面柱子的位置，可以用拳头轻叩墙面或用专门的针来刺探。

**隔热材料**

保证整个房间的热量。具有冬天保温夏天隔热的作用。

**外墙面基层**

粘贴外壁前用来打底的部分。这部分如果施工不当，可能会造成外壁脱落或漏雨。

**石膏板**

是室内的墙面基层，可以直接在上面贴壁纸。能用美工刀切开。

**外墙面**

不用说，材质一定要能抗风雨。最近正在研究一种地震时掉落下来也不会碎、防止砸伤人的材质。另外，也新出现了一种耐火材质。

**混凝土面板**

有时候墙面基层不是由石膏板而是由混凝土面板（胶合板，9~12mm）构成的。

屋外

**墙纸**

最近墙纸种类变得非常丰富。即便是混凝土墙壁，也可以直接贴上去，乐趣无穷。

屋内

试着在瓷砖上上螺丝吧
# 锚栓的施工方法

　　如果可以用电动螺丝刀在墙面上钉上锚栓，就可以安装时髦的物品或便利的衣架了。

✎ 制作方法

**用电动螺丝刀打孔**

在瓷砖上打孔要使用混凝土钻头。用力过大容易损坏瓷砖，所以打孔时要小心谨慎地打。尽可能选择接缝处等对瓷砖影响小的地方打孔。

**钉锚栓**

将树脂制锚栓插进打好的孔里，并用锤子钉进去。注意不要将瓷砖弄裂。

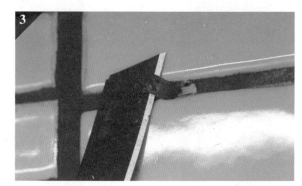

**调整锚栓的尺寸**

露出墙壁的多余的部分用美工刀切掉，确保锚栓和墙壁高度一致。

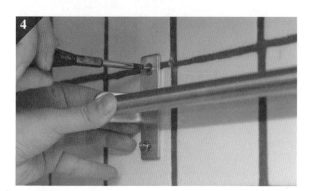

**用螺丝安装金属零件**

将毛巾挂钩用螺丝固定。如果使用锚栓固定，能够将零件紧紧固定在墙壁上，并很少有螺丝脱落情况，挂重物也不用担心。

**用筐、挂钩来提升好用度**

挂上挂钩和筐，来提升收纳效果吧。在家居中心，挂钩、筐、栏杆都可以买到。

## 07 镜子周围也干净利落！
# 在墙上安搁板

即使没有收纳空间，仅用一块木板和方材组成三角形就能简单制作一个搁板支架。

🔧 **材料&工具**

方材、板材、木螺丝钉、木工黏合剂、电动螺丝刀、锯、涂料、刷子
※根据剩余的废木材、方材的大小制作搁板吧。

---

### 关键点

· 轻叩石膏板的墙壁，确认间柱通过的位置。

· 上螺丝时必须将搁板支架对准间柱。

✏制作方法

**1**

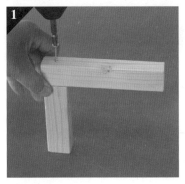

制作搁板支架

确定搁板支架的高度和宽度，用锯切割好方材后组装成L形。拼接面涂上木工黏合剂后用螺丝固定。

**2**

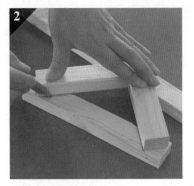

在方材上画线

将方材对着L形的2个角放好，并在内侧画线。这时在拼接处下面也垫一块方材加工时就不会摇晃了。

**3**

将切好的方材用螺丝固定

按❷中所画线切割方材，将切好的方材在两边用螺丝固定。这个拼接面也要事先涂上木工黏合剂。

**4**

用砂纸打磨

组装完搁板支架后，用#80的砂纸将边角处磨圆。如果再用#120的砂纸将整体打磨一遍的话，涂涂料时会比较容易。

**5**

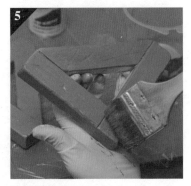

涂饰搁板支架

拂去木屑，涂上喜欢的涂料。照片中用的是银灰色的金属漆（P71）。成品呈现出暗银色调。

**6**

涂饰搁板

将搁板切割成合适的尺寸后上漆。这里使用的搁板是集成材，涂料是油性漆。涂的时候要用布刷涂。

**7**

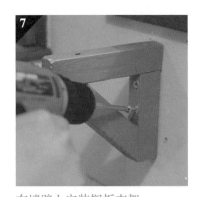

在墙壁上安装搁板支架

上螺丝时要将搁板支架对准墙壁内侧的间柱。安装的时候确保左右高度相同。※确认间柱位置的方法参照P72

**8**

用螺丝固定搁板

将搁板放在2个搁板支架上，从搁板上方钉螺丝，左右各钉1~2处。

**9**

完成

这里将搁板放在了洗脸池上面。只要将搁板紧紧固定在墙壁里面的间柱上，就可以放化妆品等瓶装物了。

## 制作壁龛的
# 埋入式架子

避开间柱，在内部是空的石膏板墙壁上开孔，可以用来做收纳空间。在里面嵌入箱子后就做成了一个结实的架子。

### 🔧 材料&工具

板材、木螺丝钉、木工黏合剂、美工刀、电动螺丝刀、卷尺、规尺、涂料、刷子

---

## 关键点

· 轻叩石膏板墙壁，将没有间柱通过的部分切下来取掉。

· 避开电灯等配线处。

· 因为石膏的碎片、粉末会掉落，所以在墙下垫上垃圾袋，打扫起来会方便。

※根据墙壁和间柱的大小切割木材。

✎ 制作方法

**切割石膏板墙壁**

首先确定好架子的位置。确认墙壁里面间柱的位置之后，用金属规尺比着将石膏板用美工刀切开。

**切除作业完成**

墙壁按照间柱和横条（水平方向的板材）切除好了。一般住宅，两根间柱之间的距离为45cm。

**按照墙壁上的洞切割木材**

按照在墙上掏出的洞切割板材。组装箱子，使箱子能嵌入间柱和横条之间。注意箱子要做小些。

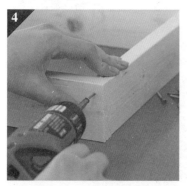

**制作木框**

组装切好的木材做成四角形木框。这个木框就是之后的架子。拼接处涂上木工黏合剂，用木螺丝固定好。

**在木框上安装背板**

在做好的木框上安装胶合板作为背板。在每个边3处上螺丝固定。注意防止木头裂开。

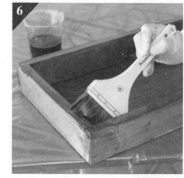

**涂饰**

用砂纸打磨后涂上喜欢的涂料。可以不涂胶合板的内侧。涂好后放在通风处晾干。

**将架子嵌入墙壁**

在掏好的洞里嵌入架子。架子可以稍微做小些，这样容易嵌入进去。

**固定、镶边**

将架子固定在间柱和横条上。根据架子长度准备一块板材，用板材镶边。从架子内侧上螺丝固定。

**完成**

因为埋入墙壁的架子不会突出来，所以安装在走廊等较窄的空间也不会碍事。可以利用它做报刊架或装饰架。

## 彩画玻璃风格的采光窗

打穿室内的间壁可以制作一个小窗子。仅需用木材镶嵌一个
窗框就可以变成采光窗。如果镶嵌彩画玻璃风格的丙烯板，
就可以享受鲜艳的光彩了。

🔧 **材料&工具**

板材、方材、工作材、丙烯板、木螺丝钉、木工黏合剂、强力双面胶、美工
刀、锯、电动螺丝刀、卷尺、曲尺、规尺、涂料

※ 按窗户大小切割木材。
彩画玻璃风嵌板（玻璃艺术）制作：宫野裕未（HerART工作室）

只有一个小窗
还远远不够

✐制作方法

**打穿间壁**

轻叩间壁，寻找没有间柱和横条的部位。确定好窗户的位置后用规尺和美工刀比着切除石膏板，取掉外面和里面的板。

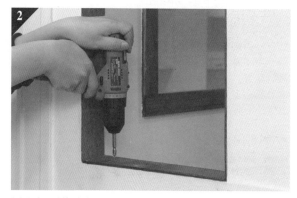

**用木材制作窗框**

准备一块比墙壁稍厚的板材。如果没有间柱，提前安装一块方材。按照窗口尺寸切割板材，涂饰好后对准间柱和横条上螺丝。

**准备丙烯板**

测量窗口内部的尺寸，准备好横竖尺寸略小几毫米的丙烯板。彩画玻璃风嵌板的制作方法见P80。

**固定丙烯板**

将丙烯板嵌入窗框中，用块状方材将其从两侧夹好固定。拼接处用强力双面胶和木螺丝钉两种方式固定，操作起来会方便。

**安装边框**

将工作材按照木框大小切割好后上漆。涂料完全干燥后粘贴双面胶，用力按压。

**完成**

从小窗透过来的五颜六色的光，让偏暗的洗脸池变得艳丽。可以镶嵌真正的彩画玻璃，但是用丙烯板，家里有小孩子也不用担心被打碎。

# 10 制作彩画玻璃风格的
# 丙烯板

准备好丙烯板、即时贴、彩画玻璃用的引导线。即使不用专用工具，只要将自己喜欢的图案印刷出来仔细裁剪然后贴好，也可以制作出有厚重感的嵌板。丙烯板因静电容易沾上灰尘和污渍，所以作业之前要先用去污水将其擦洗干净。

## 材料&工具

丙烯板、即时贴、引导线、橡皮刷或厚纸、美工刀（平刃）、丙烯板去污水（酒精1：水9）、即时贴用水喷雾器（水500ml洗洁精1滴）

### 像画画一样制作

若想制作起来更简单，推荐使用专门的水溶性透明颜料。只需按照底样用黑色勾线笔描边，干燥后上色即可。可以将颜色混合，制作出与众不同的颜色，还可以用在玻璃和陶器制品上。

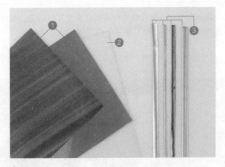

## 材料

**❶即时贴**
玻璃艺术用的特殊薄膜，颜色、形状多样。尺寸为215×226mm。

**❷丙烯板**
小窗户厚度为2mm的正好。有450×300mm、600×450mm等规格。

**❸引导线**
有2mm、3mm、6mm宽的，颜色也多种多样。这个在手工艺品商店可以买到。

**贴即时贴**

根据图案剪好即时贴，在粘贴面喷水、贴好。在板子边缘空1~2mm，贴的时候用橡皮刷或折过的厚纸将空气挤出去。

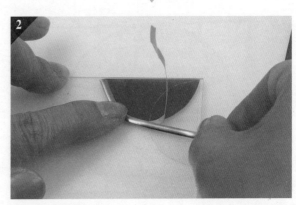

**用引导线镶边**

揭下引导线剥离纸，同时沿着即时贴的边缘贴好。用铅做成的引导线很容易出现划痕，所以注意不要用指甲划到。

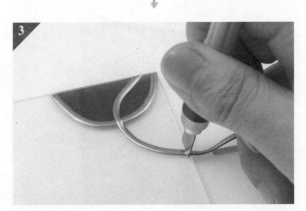

**切割引导线**

用折过的厚纸按压引导线。要重点按压重叠部位。切割引导线时要用平刃的美工刀从上面垂直切割。

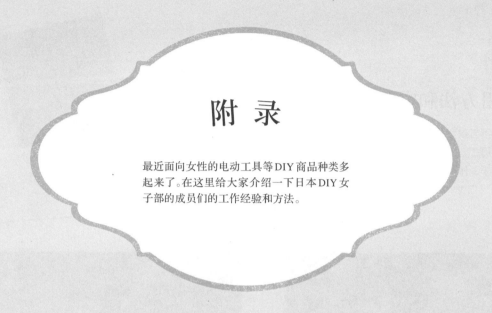

# 附 录

最近面向女性的电动工具等DIY商品种类多
起来了。在这里给大家介绍一下日本DIY女
子部的成员们的工作经验和方法。

**P82**

## 工具的使用方法和窍门!

介绍女性使用方便、便于操
作的工具的使用方法。

**P84**

## 木料截取图

刊登了本书所介绍的作品的
木料截取图。切割木材时充
分利用这个图吧。

**P89**

## 木工DIY的Q&A

木材切割后剩下的废木材要
怎么办呢? 这部分的介绍,
可以打消你的这种不安。

**P90**

## DIY女子部心声

采访了活跃在DIY女子部的
三位女性。DIY的魅力是?

# 工具的使用方法和窍门！

很多工具如果使用不当很容易受伤。
只要知道一点小窍门，
即使是用到锯和锤子，作业也会变容易。

**加工作业中夹具是必需品**

切割木材、打孔时，为防止木材移动，
要用夹具将其固定在作业台上。这样加工精确度会提高。

**拉动锯条切割**

让锯与木材呈30度角，往自己跟前拽着切割。
在墨线上稍微划出一点沟后，前后笔直拉动，用整个锯进行切割。

**用轴锯箱切出正确的角度**

可以切割成直角、45度角以及像削片一样效果的轴锯箱。
把它挂在作业台的边缘，放上木材用夹具固定好后切割。

**先用粗砂纸打磨**

用#80砂纸将侧边磨平，再用#120砂纸、#150砂纸研磨后木头表面就会变光滑。
涂饰之前用#240砂纸打磨，这样表面就会很美观。

**上螺丝之前涂黏合剂**

用螺丝固定木材时，需要花力气的部位一定也要涂上木工黏合剂。这样会比光用螺丝固定结实一倍。

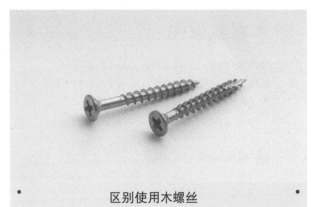

**区别使用木螺丝**

木螺丝的长度应该为木板厚度的2倍。用电动螺丝刀固定时，要使用螺纹间隔宽、头部呈钻头状的木螺丝钉。推荐使用轴部较细的类型。

**电动螺丝刀的使用方法**

用钻头打孔时，将旋转力度调为最大；拧螺丝时将旋转力度稍微调小一些。窍门是垂直对准木材，用力向下压。

**使用钢丝锯切割的窍门**

使用钢丝锯的窍门是让台座与木材的表面贴紧后切割。这种锯适合曲线切割，但是直线切割的时候，用夹具固定一块废木材然后比着切割就行。

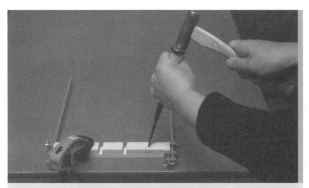

**用凿子雕刻、切削的窍门**

用于给木材开槽或开孔刻沟。使用时让凿子平面的一侧朝下，用锤子敲击柄部。

**上漆时注意不要出现刷痕**

用刷子上漆时，基本上是先涂细小部位然后再将其余部分均匀涂好。涂抹时要朝同一个方向平行移动刷毛。

# 木料截取图

给大家介绍一下这本书中作品的木料截取图。

按图复制一下就可以直接让家居中心帮忙切割了。

为了减少浪费，好好利用木料截取图吧。

## 笔架&书架 → P10

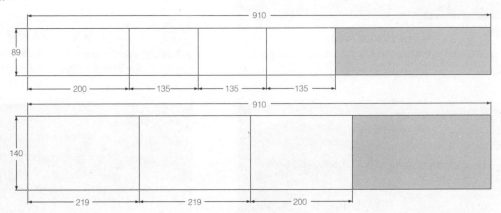

## 旋转式调味料货架 → P38

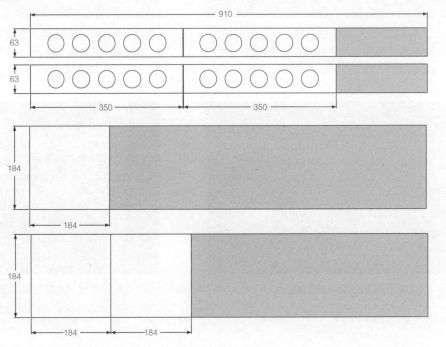

## 壁炉风格装饰架 → P24

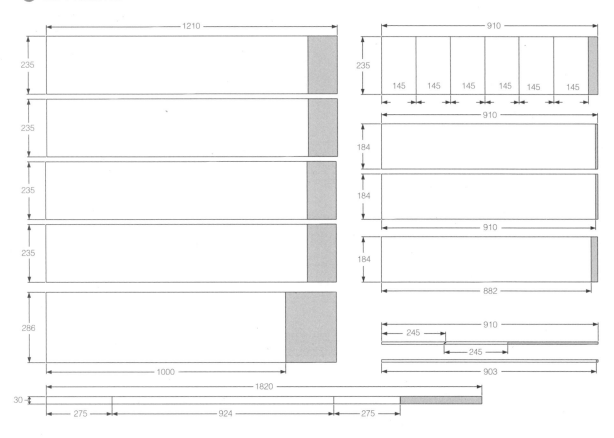

可推式橱柜 → P40

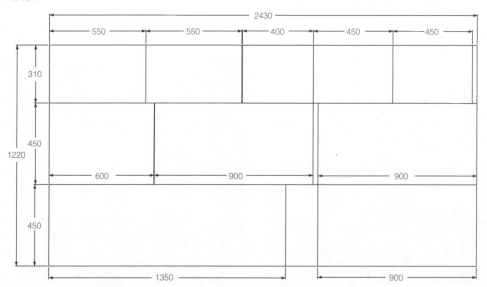

文件架 → P52

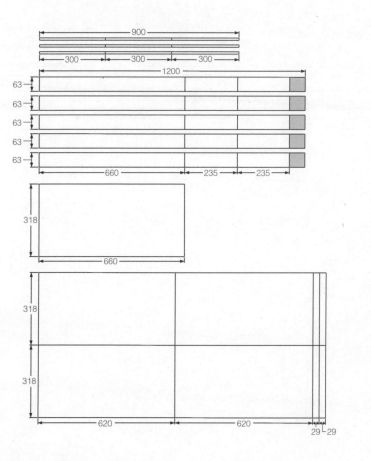

**分类收纳架 → P52**

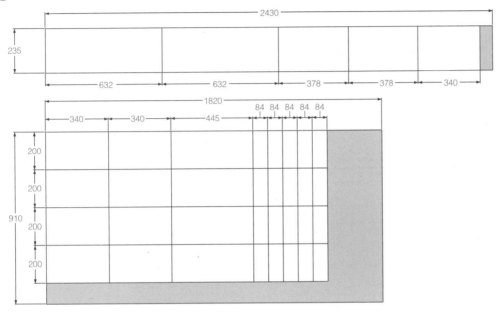

**开放式架子 → P28**

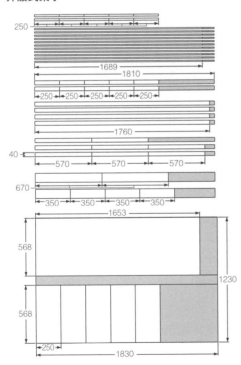

**工具箱 → P48**

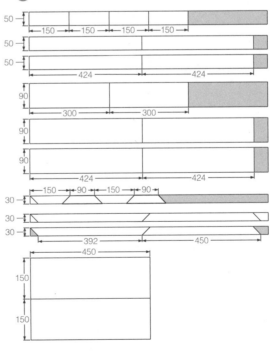

**客厅组合桌椅** → P20

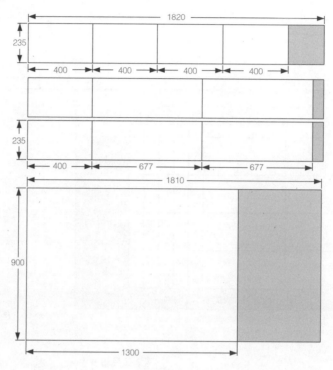

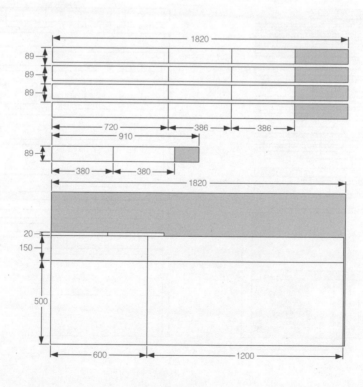

木工DIY的

**Q&A**

想要尝试DIY,却不知道买什么样的木材好。家居中心卖的木材,不知道有没有我要的尺寸。这些疑问会在这里得到解答。让我们了解一下木材的种类和性质吧。

## Q1 在哪里可以切割木材?

## A1 在家居中心可以!

在本书中想制作的作品处标星,根据木料截取图去购买木材吧。购买木材时,可以直接让家居中心切割,所以一定要好好利用家居中心。

## Q2 废木材怎么办?

## A2 用来试验或练习打孔。

按照木料截取图切割,无论如何都会剩余一些废木材。废木材的使用方法因人而异,有人用它来练习上漆,有人用它来练习用电动螺丝刀打孔。此外,挑战一下利用废木材制作的DIY工具也不错。（参照P43）

## Q3 作业难易与季节有关吗?

## A3 因为木材会呼吸,所以对湿气敏感。

虽然并不是说冬天作业容易夏天作业困难,但是冬天木材很干燥,非常容易裂开,而夏天的木材里含有湿气,所以到了冬天有的木材会变弯曲。

从小玩意儿到大物件！
精力充沛地着手DIY

# 扫部关真纪女士
## MAKI KAMONZEKI

DIY 女子部的扫部关女士，DIY
经历 9 年。
她可以算是女子部中最有力气的
女士。木露台也是自己做的。

获得 DIY 奖的
木露台。

## DIY的魅力在于可以自主改善生活环境

"DIY最大的魅力在于，可以随着孩子的成长或生活方式的改变，自由变换尺寸和风格！"扫部关女士这样说到。

每次变换模样时都会改变家具的尺寸、给家具上漆。因为对其构造比较了解，所以自己设计，拆卸改造起来非常简单。

"无论是小玩意儿还是大物件，我都很擅长。"正如这句话所说，我自己制作了一些小玩意儿，还有客厅的家具，甚至尝试制作了木露台。

制作大物件时，扫部关女士也是从使用电动木工锯切割木材开始的超正规派。

她的充满魅力的DIY透露着女性特有的对细节的追求。比如研究便于家人使用的收纳家具，作品完成时画上设计精美的彩绘。充分发挥自己的兴趣来制作世上绝无仅有的作品，可能是吸引女性热衷于木工DIY的魅力之一吧。

## DIY女子部是？

"DIY女子部"是成立于2011年3月，以"快乐、可爱、美丽"为口号开展DIY活动的女子社团。现在已成为日本会员数超过800人的大组织。近年，活跃于练马和大阪的工作室的她们开始出现在电视荧屏。广告标语为"DIY☆爱！萌萌哒"。她们热爱DIY,每天研究、制作只有手工才能打造出的别具风格的家具和小玩意儿。有的人水平堪比专家。她们在各地开工作坊、体验会，组织企业参观。
http://www.diyjoshi.jp/

1 将市场上卖的花园套装画上彩绘进行改造。
2 高度一致的玄关处收纳架。
3 正在制作木露台。站在梯凳上给凉亭的椽子上螺丝。

## DIY女孩的心声

### 近来最成功的作品

我把在宜家买的衣柜改造成了墙面收纳柜。利用可以用在房子主体部分的木材在衣柜下边做了一个台子。这样衣柜下面就出现了像抽屉似的收纳空间，可以用来收藏工具。

### 凭感觉估摸着尺寸制作

制作大件物品，有时从测量开始就谨小慎微，但也有时仅仅有一个大致草图就开始着手制作。一边制作一边决定材料的尺寸，还会冒出一些新的想法，这样非常有乐趣。

### 值得回忆的作品

我在做家务和育儿时抽空做了木露台，设计出了房子形状的篱笆和卷帘门。制作的时候细微之处都进行了处理。挖洞、打水平线、摆放柱子等都是一个人完成的，历经半年完工时的那种成就感无与伦比。

DIY的魅力在于可以
将旧物品改造为新的

# 牟田由纪子女士
**YUKIKO MUTA**

DIY女子部的牟田女士。DIY经
历25年。
觉得将旧物品根据自己的想法翻
新很有魅力。从给家里的墙壁刷
新开始，走上了DIY之路。

用水泥制作的花
坛。同样的混凝土
块可以用来放置物
品，院子给人一种
一体感。

## 在DIY中融入现在的创新和从前的回忆

　　牟田女士是在结婚入住公司宿舍里开始DIY的。
"当时是已经建了有30多年的旧公寓，我就想能不能
让它看上去新一点呢？公司的公寓都是相同的格局，
我想让它的风格与众不同，所以就连墙壁柱子都重新
刷了一遍。"这样，牟田女士进行了25年前难以想象
的革新。

　　"以前市场上卖的家具种类单一，只有样式简
单但很贵或极其廉价的家具，找到自己喜欢的家具

花费了好一番功夫。现在可以用适当的价钱买到时
髦的家具，所以想要根据自己的喜好改造的人也在
增加吧。"

　　牟田女士说逛家具店也是她的爱好。看家具的方
式也和以前不一样了，有时从下面看，有时想知道家
具的构造等。看来DIY的乐趣是会随着生活方式而改
变的。

**1** 在附近的焊接工作室制作的正弦板。这成为了房子的焦点。**2** 用和去世的母亲有着共同回忆的架子改造的柜子。**3** 和花坛风格一致的环形物品架。

## DIY女孩的心声

### ｛ 失败也变成一种乐趣 ｝

做手工时，木材错位或露出是常有的事。DIY会免不了失败，但有时候正是因为失败才会冒出从未有过的创意。能够一边犯错一边制作也是一种乐趣。我一直告诉自己：不要在意失败，大胆放手去做。

### ｛ 不光是木工的DIY ｝

不光是木工，最近我对焊接也产生了兴趣。钢铁和皮革、木材和钢铁，我对这种使用不同素材组合的DIY也很感兴趣。如果没有加入女子部，就不会接触到铁的焊接，所以加入女子部后DIY的范围扩大了很多。

### ｛ 通过改造，留下回忆 ｝

改造母亲留给我的茶柜也是一个美好的回忆。我喜欢茶柜的形状，所以将上面的漆用锉刀刮去，将原来的茶色换成白色继续使用。即便形状、颜色改变了，但仍可以和回忆一起留下，所以我没有丢掉而是继续使用，也没有感到过寂寞。

恰到好处的尺寸，
打造世界上绝无仅有的作品

# 南爱女士
## AI MINAMI

DIY女子部的南爱女士，DIY经历10年。给想做的东西画个草图，然后能够制作出尺寸刚好合适的物件，这很有意思。

第一次制作的大件物品——顶天立地置物架。

## 很开心能够做成自己期望的尺寸

"只要有一点空间，我就会制作出一个尺寸恰好的家具。这是最让人开心的事。"南女士说道。

发现可以放家具的小空间时，我会首先测量尺寸，画设想图和木料截取图。这是我独特的地方。用草图勾勒出想要做的物品的大体框架，框架确定后去家居中心买材料并请他们给裁切好。将裁切好的木材拿回家组装、上漆。另外，如果在家居中心现场制作，可以不用担心家里空间不足，效率非常高。

对于第一次制作的女性来说，加工厚木板可能比较难，但利用家居中心会比较方便。南女士也是按照在DIY女子部的学习会上学习到的方法切割厚木材，并能够制作精细的作品了。通过学习，作品的种类貌似也丰富起来了。

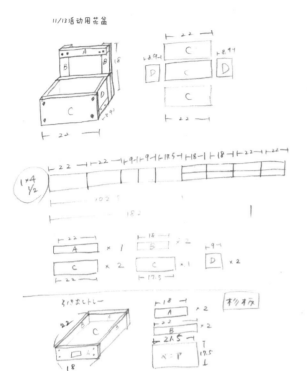

**1**

11/13活动用花盆

**2**

**3**

**1**制作前的草稿图。尺寸也标记好。**2**根据草图制作的椅子。孩子放玩具的地方。**3**最早制作的值得回忆的架子。

## DIY女孩的心声

### 〉 加入女子部之后的变化 〈

回顾了一下加入女子部后制作的作品清单，一年之内竟然制作了这么多东西！这很让我吃惊。在那之前我也画草图制作了一些物品，但因为是一个人，并没有将其归档保存。在女子部因为有展示的机会，所以每次都能回想一遍。

### 〉 家居中心是休息的场所 〈

我经常出入于家居中心。在家居中心每当看到新的工具和材料，心都会扑通扑通直跳。我是左撇子，使用适合右手的工具有时会弄偏，所以寻找适合左撇子用的工具也是乐趣之一。

### 〉 改造木材也很有乐趣 〈

尽可能不要将木材剩下，这也是DIY主妇们的一个乐趣。有一种用冰箱里的剩饭剩菜做饭的感觉。这是男性难以做到的本事吧。利用废木材完成一件作品时的成就感让人非常开心。如果还有剩余木材，就用来练习上漆涂色。

HAJIMETE NO MOKKO TEZUKURICHO

Copyright © Futabasha 2013

Original Japanese language edition published in 2013 by Futabasha Publishers Ltd.

All rights reserved. No part of this book may be reproduced in any form without the written permission of the publisher.

Chinese translation rights arranged with Futabasha Publishers Ltd., Tokyo through Nippon Shuppan Hanbai Inc.

本书由日本株式会社双叶社授权北京书中缘图书有限公司出品并由煤炭工业出版社在中国范围内独家出版本书中文简体字版本。

著作权合同登记号：01-2015-1233

## 图书在版编目（CIP）数据

零基础家庭小木工／日本DIY女子部主编；陈梦颖 译.--北京：煤炭工业出版社，2015（2022.12重印）

ISBN 978-7-5020-4889-1

Ⅰ．①零… Ⅱ．①日… ②陈… Ⅲ．①木家具 – 制作 – 基本知识 Ⅳ．① TS664.1

中国版本图书馆 CIP 数据核字（2015）第 120591 号

### 零基础家庭小木工

| | | | |
|---|---|---|---|
| 主　　编 | 日本DIY女子部 | 译　　者 | 陈梦颖 |
| 策划制作 | 北京书锦缘咨询有限公司 | | |
| 总 策 划 | 陈　庆 | 策　　划 | 陈　辉 |
| 责任编辑 | 刘新建 | 编　　辑 | 郑　光 |
| 责任校对 | 杨　洋 | 设计制作 | 季传亮 |

出版发行　煤炭工业出版社（北京市朝阳区芍药居35号　100029）
电　　话　010-84657898（总编室）
　　　　　010-64018321（发行部）　010-84657880（读者服务部）
电子信箱　cciph612@126.com
网　　址　www.cciph.com.cn
印　　刷　天津市蓟县宏图印务有限公司
经　　销　全国新华书店

| | | | |
|---|---|---|---|
| 开　　本 | 889mm×1194mm$^1/_{16}$ | 印张　6　　字数 | 36千字 |
| 版　　次 | 2015年8月第1版　2022年12月第5次印刷 | | |
| 社内编号 | 7735 | 定价 | 32.00元 |